#경시대회기출문제
#경시대회대비
#HME완벽대비

HME 수학 학력평가

Chunjae
Makes
Chunjae

▼

초등 HME 수학 학력평가

기획총괄　박금옥
편집개발　지유경, 정소현, 조선영, 최윤석,
　　　　　　김장미, 유혜지, 남솔, 정하영, 김혜진
디자인총괄　김희정
표지디자인　윤순미, 이수민
내지디자인　박희춘
제작　　　황성진, 조규영

발행일　　　2024년 1월 15일 2판 2024년 1월 15일 1쇄
발행인　　　(주)천재교육
주소　　　　서울시 금천구 가산로9길 54
신고번호　　제2001-000018호
고객센터　　1577-0902
교재 구입 문의　1522-5566

HME
해법수학 학력평가 안내

① 수학 학력평가의 목적

하나 → 수학의 기초 체력을 점검하고, 개인의 학력 수준을 파악하여 학습에 도움을 주고자 합니다.

둘 → 교과서 기본과 응용 수준의 문제를 주어 교육과정의 이해 척도를 알아보며 심화 수준의 문제를 주어 통합적 사고 능력을 측정하고자 합니다.

셋 → 평가를 통하여 수학 학습 방향을 제시하고 우수한 수학 영재를 조기에 발굴하고자 합니다.

넷 → 교육 현장의 선생님들에게 학생들의 수학적 사고와 방향을 제시하여 보다 향상된 수학 교육을 실현시키고자 합니다.

② 수학 학력평가의 특징

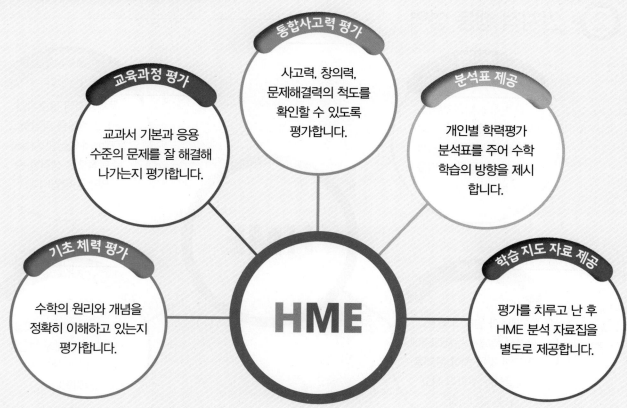

통합사고력 평가
사고력, 창의력, 문제해결력의 척도를 확인할 수 있도록 평가합니다.

교육과정 평가
교과서 기본과 응용 수준의 문제를 잘 해결해 나가는지 평가합니다.

분석표 제공
개인별 학력평가 분석표를 주어 수학 학습의 방향을 제시 합니다.

기초 체력 평가
수학의 원리와 개념을 정확히 이해하고 있는지 평가합니다.

HME

학습 지도 자료 제공
평가를 치루고 난 후 HME 분석 자료집을 별도로 제공합니다.

● 성적에 따라 대상, 최우수상, 우수상, 장려상을 수여하고 상위 5%는 왕중왕을 가리는 [해법수학 경시대회]에 출전할 기회를 드립니다.

수준별 평가 체제를 바탕으로 기본·응용·심화 과정의 내용을 평가하고 분석표에는 인지적 행동 영역(계산력, 이해력, 추론력, 문제해결력)과 내용별 영역(수와 연산, 변화와 관계, 도형과 측정, 자료와 가능성)으로 구분하여 제공합니다.

❶ 평가 수준

배점	수준 구분	출제 수준
100점 만점	교과서 기본 과정	교과 과정에서 꼭 알고 있어야 하는 기본 개념과 원리에 관련된 기본 문제들로 구성
	교과서 응용 과정	기본적인 수학의 개념과 원리의 이해를 바탕으로 한 응용력 문제들로 교육과정의 응용 문제를 중심으로 구성
	심화 과정	수학적 내용을 풀어가는 과정에서 사고력, 창의력, 문제해결력을 기를 수 있는 문제들로 통합적 사고력을 요구하는 문제들로 구성

❷ 인지적 행동 영역

계산력
수학적 능력을 향상 시키는데 가장 기본이 되는 것으로 반복적인 학습과 주의집중력을 통해 기를 수 있습니다.

이해력
문제해결의 필수적인 요소로 원리를 파악하고 문제에서 언급한 사실을 수학적으로 생각할 수 있는 능력입니다.

HME

추론력
개념과 원리의 상호 관련성 속에서 문제해결에 필요한 것을 찾아 문제를 해결하는 수학적 사고 능력입니다.

문제해결력
수학의 개념과 원리를 바탕으로 문제에 적합한 해결법을 찾아내는 능력입니다.

교재 구성

유형 학습(HME의 기본+응용 문제로 구성)

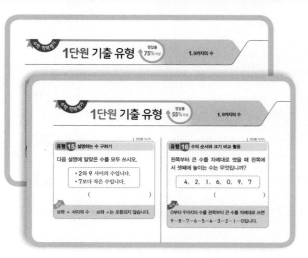

● ● 단원별 기출 유형

HME에 출제된 기출문제를 단원별로 유형을 분석하여 정답률과 함께 수록하였습니다. 유사문제를 통해 다시 한번 유형을 확인할 수 있습니다.

정답률 75% 이상 문제를 실수 없이 푼다면 장려상 이상, 정답률 55% 이상 문제를 실수 없이 푼다면 우수상 이상 받을 수 있는 실력입니다.

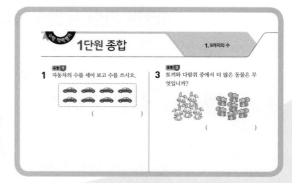

● ● 단원별 종합

앞에서 배운 유형을 다시 한번 확인할 수 있습니다.

실전 학습(HME와 같은 난이도로 구성)

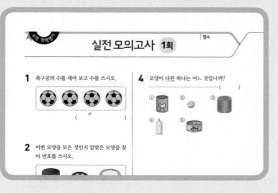

● ● 실전 모의고사

출제율 높은 문제를 수록하여 HME 시험을 완벽하게 대비할 수 있습니다.

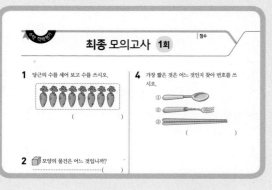

● ● 최종 모의고사

실제 HME 시험과 같은 난이도와 형식으로 마지막 점검을 할 수 있습니다.

차례

기출 유형

실전 모의고사

최종 모의고사

정답률 98.3%

유형 1 수를 세어 보기

수를 세어 ☐ 안에 알맞은 수를 써넣으시오.

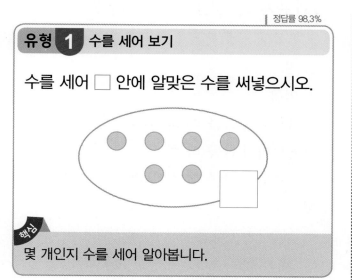

몇 개인지 수를 세어 알아봅니다.

정답률 97.4%

유형 2 수로 나타내기

다음 중에서 <u>잘못</u> 짝 지어진 것은 어느 것입니까? ⋯⋯⋯⋯⋯⋯⋯⋯⋯ (　　　)

① 셋 ⇨ 3　　② 다섯 ⇨ 5

③ 일곱 ⇨ 8　　④ 여섯 ⇨ 6

⑤ 둘 ⇨ 2

수는 두 가지 방법으로 읽을 수 있습니다.

1 호랑이의 다리의 수를 세어 알맞은 수에 ○표 하시오.

| 1 | 2 | 3 | 4 | 5 |

3 수를 두 가지 방법으로 바르게 읽은 것을 모두 찾아 기호를 쓰시오.

| ㉠ 2 ⇨ 이, 둘 | ㉡ 8 ⇨ 칠, 여덟 |
| ㉢ 5 ⇨ 오, 여섯 | ㉣ 3 ⇨ 삼, 셋 |

(　　　　　　　)

2 색종이의 수가 7인 것을 찾아 기호를 쓰시오.

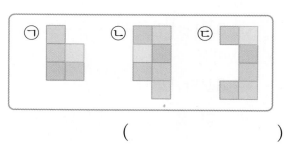

(　　　　　　　)

4 수를 두 가지 방법으로 바르게 읽은 것은 어느 것입니까? ⋯⋯⋯⋯⋯ (　　　)

| 7 |

① 삼, 셋　　② 오, 다섯

③ 육, 여섯　　④ 칠, 일곱

⑤ 구, 아홉

정답률 97.1%

유형 3 수의 크기 비교하기

세어 보고 더 많은 쪽의 수를 쓰시오.

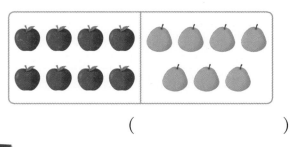

( )

핵심

하나씩 짝 지었을 때 남는 쪽이 더 많습니다.

정답률 96.4%

유형 4 나타내는 수 알아보기

7과 관계<u>없는</u> 것은 어느 것입니까?
·····( )

① 칠

② 일곱

③ 8보다 1만큼 더 작은 수

④ 6보다 1만큼 더 큰 수

⑤ 9보다 1만큼 더 작은 수

핵심

• ●보다 1만큼 더 큰 수 ⇨ ● 바로 뒤의 수
• ●보다 1만큼 더 작은 수 ⇨ ● 바로 앞의 수

---

5 세어 보고 더 적은 쪽의 수를 쓰시오.

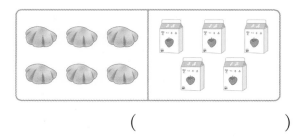

( )

---

6 색칠한 칸 수가 가장 많은 것을 찾아 기호를 쓰시오.

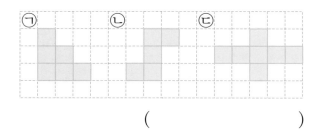

( )

---

7 4와 관계<u>없는</u> 것은 어느 것입니까?
·····( )

① 넷

② 사

③ 3보다 1만큼 더 큰 수

④ 5보다 1만큼 더 작은 수

⑤

---

8 나타내는 수가 <u>다른</u> 하나는 어느 것입니까?·····( )

① 구

② 8보다 1만큼 더 작은 수

③ 아홉

④ 8보다 1만큼 더 큰 수

⑤

정답률 96.1%

유형 5 묶지 않은 그림 세어 보기

왼쪽의 수만큼 그림을 묶었을 때, 묶지 <u>않은</u> 그림은 몇 개입니까?

| 9 | 🏸 🏸 🏸 🏸 🏸 🏸 🏸 🏸 🏸 🏸 |

(   )개

핵심

먼저 주어진 수만큼 그림을 묶어 봅니다.

정답률 95.6%

유형 6 1만큼 더 작은 수, 1만큼 더 큰 수 알아보기

다음과 같이 빈칸에 알맞은 수를 써넣으시오.

1만큼 더 작은 수		1만큼 더 큰 수
4	5	6
	7	

핵심

- ▲보다 1만큼 더 작은 수는 ▲ 바로 앞의 수입니다.

- ▲보다 1만큼 더 큰 수는 ▲ 바로 뒤의 수입니다.

9 왼쪽의 수만큼 그림을 묶었을 때, 묶지 않은 그림은 몇 개입니까?

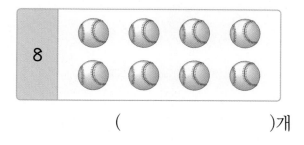

| 8 | ⚾ ⚾ ⚾ ⚾ ⚾ ⚾ ⚾ ⚾ |

(   )개

10 민정이의 나이는 6살입니다. 민정이의 나이만큼 케이크에 초를 꽂으면 남는 초는 몇 개입니까?

(   )개

11 빈칸에 알맞은 수를 써넣으시오.

     1만큼   1만큼
     더 작은 수   더 큰 수

○ ←   [4]   → ○

12 사탕이 8개 있습니다. 초콜릿은 사탕보다 하나 더 많습니다. 초콜릿은 몇 개입니까?

(   )개

정답률 94%

유형 7 수의 순서 알아보기

왼쪽에서 다섯째에 있는 수에 ○표 하시오.

| 3 | 6 | 7 | 2 | 4 | I | 5 | 9 |

주의

숫자 5에 ○표 하지 않도록 주의합니다.

정답률 91.9%

유형 8 순서를 거꾸로 하여 수 쓰기

순서를 거꾸로 하여 수를 쓸 때 ㉠에 알맞은 수를 구하시오.

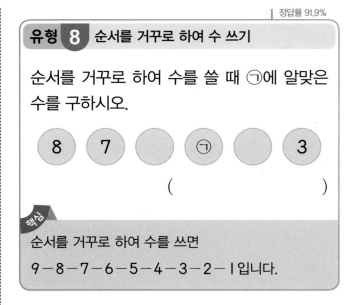

( )

핵심

순서를 거꾸로 하여 수를 쓰면
9-8-7-6-5-4-3-2-1입니다.

13 7은 오른쪽에서 몇째에 있습니까?

| 6 | 2 | I | 7 | 4 | 3 |

( )째

15 순서를 거꾸로 하여 수를 쓸 때 ㉠에 알맞은 수를 구하시오.

6 5 ○ ○ ㉠ I

( )

14 책꽂이에 번호가 쓰여 있는 책이 꽂혀 있습니다. 왼쪽에서 넷째에 꽂혀 있는 책은 몇 번입니까?

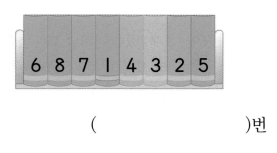

( )번

16 신발장에 수의 순서를 거꾸로 하여 번호가 적혀 있습니다. 선경이의 신발장은 몇 번입니까?

선경

( )번

정답률 89.7%

유형 9 사이의 수 알아보기

호박은 4개 있고 오이는 6개 있습니다. 감자는 호박보다 많고 오이보다 적습니다. 감자는 몇 개 있습니까?

( )개

핵심 작은 수부터 순서대로 써서 두 수 사이에 있는 수를 알아봅니다.

정답률 88.6%

유형 10 세 수의 크기 비교하기

접시 위에 감이 5개, 귤이 7개, 자두가 9개 있습니다. 접시 위에 가장 많이 있는 과일은 무엇입니까?

( )

핵심 주어진 수를 큰 수부터 차례대로 써 봅니다.

17 딱지치기를 하여 딱지를 서윤이는 6장, 준서는 8장 땄습니다. 도현이가 딴 딱지는 서윤이보다 많고 준서보다 적습니다. 도현이가 딴 딱지는 몇 장입니까?

( )장

19 종이학을 정현이는 6개, 호영이는 7개, 선영이는 4개 접었습니다. 종이학을 가장 적게 접은 사람은 누구입니까?

( )

18 다음은 민성이가 모은 붙임 딱지입니다. 주하는 붙임 딱지를 3개 모았고, 성호가 모은 붙임 딱지는 주하보다 많고 민성이보다 적습니다. 성호가 모은 붙임 딱지는 몇 개입니까?

( )개

20 다음과 같은 수 카드가 한 장씩 있습니다. 가장 작은 수가 적힌 카드를 뽑는 사람이 이긴다면 4장의 수 카드 중 어떤 수가 적힌 카드를 뽑아야 항상 이깁니까?

| 9 | 7 | 4 | 2 |

( )

유형 11 수의 크기 비교하기

더 큰 수에 ○표 하시오.

8보다 1만큼
더 작은 수   (   )

5보다 1만큼
더 큰 수   (   )

핵심

• ●보다 1만큼 더 큰 수 ⇨ ● 바로 뒤의 수
• ●보다 1만큼 더 작은 수 ⇨ ● 바로 앞의 수

21 더 작은 수에 ○표 하시오.

8보다 1만큼
더 큰 수   (   )

9보다 1만큼
더 작은 수   (   )

22 나래는 야구공은 7보다 1만큼 더 작은 수만큼, 탁구공은 4보다 1만큼 더 큰 수만큼 가지고 있습니다. 나래는 야구공과 탁구공 중 어느 것을 더 많이 가지고 있습니까?

(   )

유형 12 □ 안에 들어갈 수 구하기

1부터 9까지의 수 중에서 □ 안에 들어갈 수 있는 가장 큰 수를 구하시오.

□은/는 7보다 작아!

(   )

핵심

□ 안에 1부터 수를 넣어 봅니다.

23 □ 안에 들어갈 수 있는 가장 작은 수를 구하시오.

□은/는 4보다 큽니다.

(   )

24 □ 안에 공통으로 들어갈 수 있는 수를 모두 구하시오.

• 5는 □보다 작습니다.
• □은/는 8보다 작습니다.

(   )

유형 13 수의 순서와 크기 비교 활용

도영이와 윤아가 각각 네 개의 수를 다음과 같은 차례로 썼습니다. 왼쪽에서 셋째로 쓴 수가 더 큰 사람은 누구인지 이름을 쓰시오.

도영
| 0 | 4 | 8 | 9 |

윤아
| 5 | 9 | 6 | 8 |

( )

핵심 먼저 왼쪽에서 셋째로 쓴 수를 알아봅니다.

---

25 왼쪽에서 넷째에 있는 수와 오른쪽에서 둘째에 있는 수 중에서 더 큰 수를 쓰시오.

| 8 | 0 | 7 | 2 | 1 | 3 | 4 |

( )

---

26 늘어놓은 수 카드를 보고 <u>잘못</u> 말한 사람의 이름을 쓰시오.

| 2 | 4 | 9 | 1 | 6 | 7 |

> 왼쪽에서 다섯째에 놓은 수보다 1만큼 더 작은 수는 5야.

 태정

> 왼쪽에서 둘째에 놓은 수는 왼쪽에서 여섯째에 놓은 수보다 커.

 지유

( )

유형 14 수의 순서 활용

어린이 8명이 한 줄로 서 있습니다. 소연이는 앞에서 넷째에 서 있습니다. 소연이는 뒤에서 몇째에 서 있습니까?

승희 민호 희수 소연 정민 영지 은영 선규

( )째

핵심 먼저 승희와 선규 중에서 앞에 서 있는 어린이가 누구인지 알아봅니다.

---

27 어린이 9명이 한 줄로 서 있습니다. 승호는 앞에서 일곱째에 서 있습니다. 승호는 뒤에서 몇째에 서 있습니까?

( )째

---

28 학생 7명이 한 줄로 서 있습니다. 호진이는 뒤에서 셋째에 서 있습니다. 호진이는 앞에서 몇째에 서 있는지 수로 나타내시오.

> 첫째는 수로 1, 둘째는 수로 2, 셋째는 수로 3, …과 같이 나타냅니다.

( )

| 정답률 74.2% | | 정답률 70.8% |

유형 15 설명하는 수 구하기

다음 설명에 알맞은 수를 모두 쓰시오.

- 2와 9 사이의 수입니다.
- 7보다 작은 수입니다.

( )

> **주의** ■와 ▲ 사이의 수 ⇨ ■와 ▲는 포함되지 않습니다.

유형 16 수의 순서와 크기 비교 활용

왼쪽부터 큰 수를 차례대로 썼을 때 왼쪽에서 셋째에 놓이는 수는 무엇입니까?

4, 2, 1, 6, 0, 9, 7

( )

> **핵심** 0부터 9까지의 수를 왼쪽부터 큰 수를 차례대로 쓰면 9−8−7−6−5−4−3−2−1−0입니다.

29 다음 설명에 알맞은 수는 모두 몇 개입니까?

- 1과 7 사이의 수입니다.
- 3보다 큰 수입니다.

( )개

30 다음 설명에 알맞은 수를 모두 쓰시오.

- 3과 8 사이의 수입니다.
- 5와 9 사이의 수입니다.

( )

31 왼쪽부터 작은 수를 차례대로 썼을 때 왼쪽에서 다섯째에 놓이는 수는 무엇입니까?

5, 8, 2, 9, 0, 6, 4

( )

32 6보다 큰 수는 오른쪽에서 몇째에 있습니까?⋯⋯⋯⋯⋯⋯⋯⋯⋯⋯ ( )

| 4 | 5 | 2 | 7 | 3 |

① 첫째　　② 둘째　　③ 넷째
④ 다섯째　　⑤ 여덟째

정답률 65%

 유형 17 수의 순서 활용

9명의 학생들이 한 줄로 서 있습니다. 태경이는 앞에서 둘째에 서 있고, 소향이는 뒤에서 둘째에 서 있습니다. 태경이와 소향이 사이에 서 있는 학생은 몇 명입니까?

(   )명

주의

태경이와 소향이 사이에 서 있는 학생 수를 셀 때 태경이와 소향이는 포함해서 세지 않습니다.

정답률 63.7%

 유형 18 전체 학생 수 구하기

강준이네 모둠 학생들이 한 줄로 서 있습니다. 강준이는 앞에서 일곱째, 뒤에서 셋째에 서 있다면 강준이네 모둠 학생은 모두 몇 명입니까?

(   )명

핵심

그림을 그려 알아봅니다.

33 8명의 학생들이 한 줄로 서 있습니다. 태호는 앞에서 둘째에 서 있고, 세희는 뒤에서 셋째에 서 있습니다. 태호와 세희 사이에 서 있는 학생은 몇 명입니까?

(   )명

34 9명의 학생들이 한 줄로 서 있습니다. 선호와 시영이 사이에 서 있는 학생은 몇 명입니까?

- 선호는 앞에서 여덟째에 서 있습니다.
- 시영이는 뒤에서 일곱째에 서 있습니다.

(   )명

35 학생들이 한 줄로 서 있습니다. 영은이는 앞에서 셋째, 뒤에서 다섯째에 서 있습니다. 한 줄로 서 있는 학생은 모두 몇 명입니까?

(   )명

36 버스 정류장에 사람들이 한 줄로 서 있습니다. 수지는 앞에서 넷째, 뒤에서 여섯째에 서 있습니다. 버스 정류장에 한 줄로 서 있는 사람은 모두 몇 명입니까?

(   )명

유형 1

1 자동차의 수를 세어 보고 수를 쓰시오.

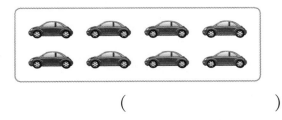

( )

유형 2

2 다음과 같이 읽을 수 있는 수를 쓰시오.

구, 아홉

( )

유형 3

3 토끼와 다람쥐 중에서 더 많은 동물은 무엇입니까?

( )

유형 4

4 6을 나타내는 것이 <u>아닌</u> 것은 어느 것입니까?……………………………………( )

① 육
② 여덟
③ 7보다 1만큼 더 작은 수
④ 여섯
⑤ 5보다 1만큼 더 큰 수

유형 7

5 연수는 블록을 아래에서 넷째 서랍에 넣었습니다. 연수가 블록을 넣은 서랍은 어느 것입니까?······················ (   )

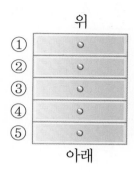

위
① ② ③ ④ ⑤
아래

유형 8

6 순서를 거꾸로 하여 수를 쓸 때 ㉠에 알맞은 수를 구하시오.

9   ㉠   5   4

(   )

유형 9

7 꽃병에 해바라기 3송이, 튤립 5송이가 있습니다. 장미는 해바라기보다 많고 튤립보다 적습니다. 장미는 몇 송이 있습니까?

(   )송이

유형 6

8 8에 대한 설명입니다. □ 안에 알맞은 수를 구하시오.

아홉보다 □만큼 더 작은 수입니다.

(   )

유형 6

9 버스에 사람들이 5명 타고 있습니다. 이번 정류장에서 한 명이 내리면 버스에 타고 있는 사람은 몇 명이 됩니까?

( )명

유형 13

11 왼쪽에서 다섯째에 있는 수보다 큰 수를 모두 찾아 쓰시오.

| 5 | 2 | 4 | 7 | 6 | 3 | 1 | 8 |

( )

유형 5

10 세연이는 8살입니다. 초 1개가 1살을 나타낼 때 세연이의 나이만큼 초에 불을 붙인다면 불을 붙이지 않은 초는 몇 개입니까?

( )개

유형 11

12 송아가 먹은 사탕의 수는 6보다 1만큼 더 크고, 은수가 먹은 사탕의 수는 7보다 1만큼 더 작습니다. 사탕을 더 많이 먹은 사람은 누구입니까?

( )

유형 **14**

13 학생 9명이 한 줄로 서 있습니다. 민수는 앞에서 넷째에 서 있습니다. 민수는 뒤에서 몇째에 서 있습니까?

(　　　　　)째

유형 **12**

14 1부터 9까지의 수 중에서 □ 안에 들어갈 수 있는 수는 모두 몇 개입니까?

□은/는 6보다 커!

(　　　　　)개

유형 **6**

15 같은 기호는 같은 수를 나타냅니다. ⓛ에 알맞은 수를 구하시오.

- 5보다 1만큼 더 큰 수는 ㉠입니다.
- ㉠보다 1만큼 더 큰 수는 ⓛ입니다.

(　　　　　)

유형 **18**

16 학생들이 한 줄로 서 있습니다. 수현이는 앞에서 다섯째, 뒤에서 셋째에 서 있습니다. 한 줄로 서 있는 학생은 모두 몇 명입니까?

(　　　　　)명

유형 15

17 다음 설명에 알맞은 수는 모두 몇 개입니까?

> • 2와 8 사이의 수입니다.
> • 4와 9 사이의 수입니다.

( )개

유형 16

18 왼쪽부터 큰 수가 적힌 수 카드를 차례대로 놓았을 때 오른쪽에서 넷째에 놓이는 수 카드에 적힌 수는 무엇입니까?

| 5 | 9 | 3 | 1 | 6 | 8 | 0 |

( )

유형 17

19 9명의 학생들이 한 줄로 서 있습니다. 선주는 앞에서 셋째에 서 있고, 미진이는 뒤에서 넷째에 서 있습니다. 선주와 미진이 사이에 서 있는 학생은 몇 명입니까?

( )명

유형 10

20 상자에 0부터 9까지의 수가 적힌 공이 한 개씩 들어 있습니다. 유정, 석준, 희건이가 순서대로 공을 한 개씩 뽑아 가장 큰 수가 적힌 공을 뽑은 사람이 심부름을 하기로 했습니다. 유정이는 8, 석준이는 5가 적힌 공을 뽑았습니다. 희건이가 심부름을 하게 되었다면 희건이가 뽑은 공에 적힌 수는 얼마입니까?

( )

2
단원

정답률 96.1%

유형 1 가장 많은 모양 찾기

⬛, 🥫, ⚪ 모양 중에서 가장 많이 있는 모양을 찾아 개수를 구하시오.

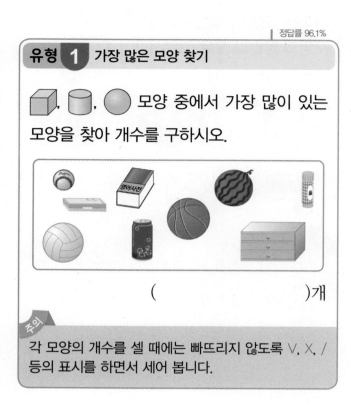

( )개

주의 각 모양의 개수를 셀 때에는 빠뜨리지 않도록 ∨, ✕, ╱ 등의 표시를 하면서 세어 봅니다.

1 ⬛, 🥫, ⚪ 모양 중에서 가장 많이 있는 모양에 ◯표, 가장 적게 있는 모양에 △표 하시오.

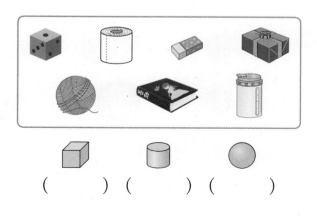

( ) ( ) ( )

정답률 95.2%

유형 2 모양이 다른 모양 알아보기

모양이 <u>다른</u> 하나는 어느 것입니까? ( )

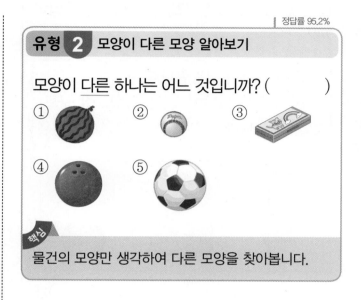

핵심 물건의 모양만 생각하여 다른 모양을 찾아봅니다.

2 모양이 <u>다른</u> 하나를 찾아 ◯표 하시오.

( ) ( ) ( ) ( )

3 주어진 모양과 <u>다른</u> 모양에 적힌 수를 모두 쓰시오.

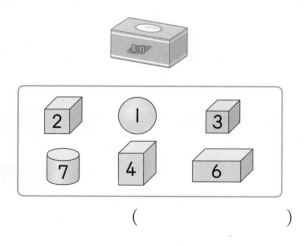

( )

정답률 94.7%

유형 3 설명에 알맞은 모양 찾기

다음 설명에 알맞은 모양은 모두 몇 개입니까?

- 모든 부분이 평평합니다.
- 어느 쪽을 바닥에 놓고 굴려도 잘 구르지 않습니다.

( )개

핵심

- ⬜ 모양: 잘 쌓을 수 있지만 잘 굴러가지 않습니다.
- 🥫 모양: 쌓을 수도 있고 옆으로 눕히면 잘 굴러 갑니다.
- ⚪ 모양: 잘 굴러가지만 쌓을 수 없습니다.

4 다음 설명에 알맞은 모양은 모두 몇 개입니까?

- 평평한 부분이 있어 잘 쌓을 수 있습니다.
- 둥근 부분이 있어 굴릴 수도 있습니다.

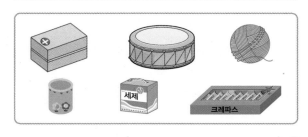

( )개

정답률 92.6%

유형 4 보이는 모양과 같은 모양 찾기

보이는 모양이 오른쪽과 같은 모양의 물건을 모두 고르시오.

.... ( )

① ② ③ ④ ⑤

핵심

- ⬜ 모양: 뾰족한 부분과 평평한 부분이 있습니다.
- 🥫 모양: 평평한 부분과 둥근 부분이 있습니다.
- ⚪ 모양: 모든 부분이 다 둥급니다.

5 보이는 모양이 오른쪽과 같은 모양의 물건을 모두 찾아 기호를 쓰시오.

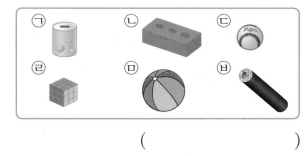

( )

유형 5 규칙 찾기

여러 가지 모양을 규칙적으로 늘어놓은 것입니다. □ 안에 알맞은 모양과 같은 모양의 물건에 ○표 하시오.

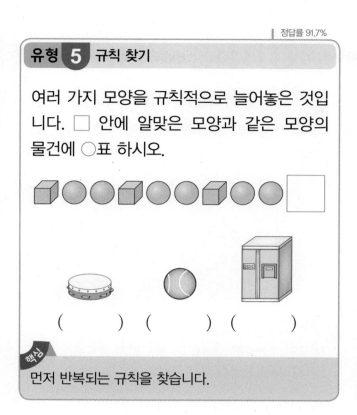

( )　( )　( )

핵심

먼저 반복되는 규칙을 찾습니다.

---

6 여러 가지 모양을 규칙적으로 늘어놓은 것입니다. □ 안에 알맞은 모양과 같은 모양의 물건에 ○표 하시오.

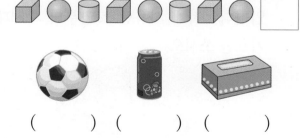

( )　( )　( )

---

7 규칙에 따라 ㉠에 알맞은 모양을 찾아 ○표 하시오.

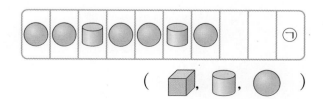

(　, 　, 　)

유형 6 사용한 모양의 수 알아보기

모양을 만드는 데 사용한  모양은 몇 개입니까?

(　　　　　)개

핵심

주어진 모양을 만드는 데 사용한 ⬭ 모양은 몇 개인지 세어 봅니다.

---

8 모양을 만드는 데 사용한 ⬛ 모양은 몇 개입니까?

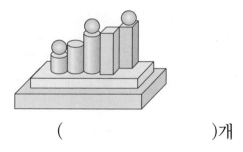

(　　　　　)개

---

9 가와 나 두 모양을 각각 만드는 데 사용한 ⬭ 모양이 더 많은 것의 기호를 쓰시오.

가

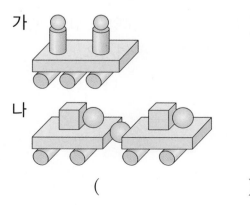

나

(　　　　　)

정답률 88%

유형 7 두 모양에 사용한 모양 찾기

가와 나 두 모양을 만들 때 모두 사용한 모양에 ○표 하시오.

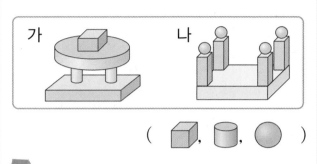

가   나

([ ], [ ], ◯)

주의

사용한 모양을 찾을 때에는 크기와 색깔은 생각하지 않습니다.

정답률 87.6%

유형 8 가장 적게 사용한 모양 찾기

[ ], [ ], ◯ 모양을 사용하여 만든 것입니다. 가장 적게 사용한 모양을 찾아 ○표 하시오.

([ ], [ ], ◯)

주의

각 모양의 개수를 셀 때에는 빠뜨리지 않도록 ∨, ×, / 등의 표시를 하면서 세어 봅니다.

---

10 가와 나 두 모양을 만들 때 모두 사용한 모양에 ○표 하시오.

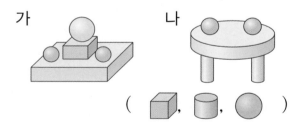

가   나

([ ], [ ], ◯)

---

11 가, 나, 다 모양을 만들 때 모두 사용한 모양에 ○표 하시오.

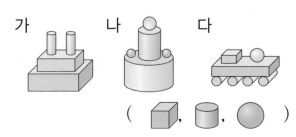

가   나   다

([ ], [ ], ◯)

---

12 [ ], [ ], ◯ 모양을 사용하여 만든 것입니다. 적게 사용한 모양부터 차례대로 기호를 쓰시오.

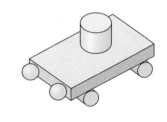

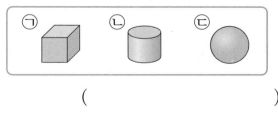

ㄱ   ㄴ   ㄷ

(   )

정답률 82.9%

유형 9 주어진 모양을 가장 많이 사용한 모양

 모양을 가장 많이 사용하여 만든 것을 찾아 기호를 쓰시오.

(   )

핵심 모양을 만들려면 모양은 각각 몇 개 필요한지 알아봅니다.

정답률 81.4%

유형 10 모두 사용하여 만든 모양 찾기

┃보기┃의 모양을 모두 사용하여 만들 수 있는 모양을 찾아 기호를 쓰시오.

┃보기┃

가   나

(   )

핵심 모양의 수가 같은 것을 찾아 봅니다.

13 🛢 모양을 가장 많이 사용하여 만든 것을 찾아 기호를 쓰시오.

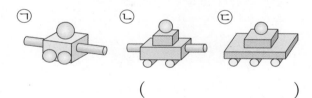

(   )

14 🎲, 🛢, ⚫ 모양 중 어느 방향으로도 잘 굴러가는 모양을 가장 많이 사용하여 만든 것은 어느 것인지 기호를 쓰시오.

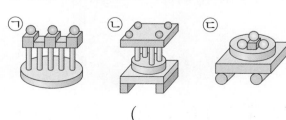

(   )

15 왼쪽 모양을 모두 사용하여 만들 수 있는 모양을 찾아 선으로 이어 보시오.

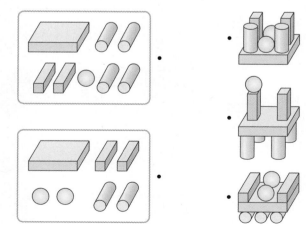

정답률 74.8%

유형 11 조건에 알맞은 모양 찾기

모양 2개, 모양 4개, 모양 2개를 모두 사용하여 만든 모양의 기호를 쓰시오.

( )

핵심

, , 모양의 수를 각각 세어 봅니다.

정답률 73.7%

유형 12 가장 많이 사용한 모양과 같은 모양 찾기

주어진 모양을 만드는 데 , , 모양 중 가장 많이 사용한 모양과 같은 모양의 물건을 모두 찾아 ○표 하시오.

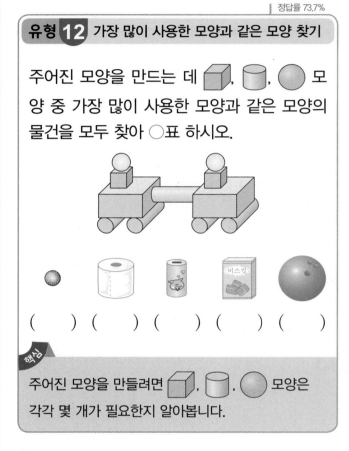

( ) ( ) ( ) ( ) ( )

핵심

주어진 모양을 만들려면 , , 모양은 각각 몇 개가 필요한지 알아봅니다.

16 모양 3개, 모양 5개, 모양 2개를 모두 사용하여 만든 모양의 기호를 쓰시오.

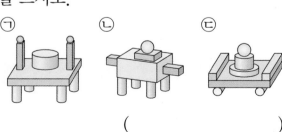

( )

17 주어진 모양을 만드는 데 , , 모양 중 가장 많이 사용한 모양과 같은 모양의 물건을 모두 찾아 ○표 하시오.

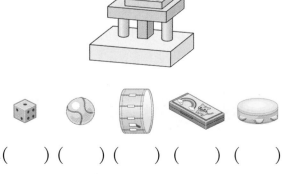

( ) ( ) ( ) ( ) ( )

정답률 72.6%

유형 13 가진 물건 찾기

윤미, 민우, 석호는 서로 다른 물건을 가졌습니다. 대화 글을 읽고 민우가 가진 물건을 찾아 ○표 하시오.

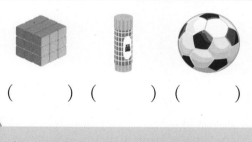

- 윤미: 나는 ⬛, ⬛ 모양 중 한 개를 가졌어.
- 민우: 나는 ⚫, ⬛ 모양 중 무엇을 가졌을까?
- 석호: ⬛ 모양은 내가 가졌어!

(   ) (   ) (   )

주의 서로 다른 물건을 가졌다는 것에 주의합니다.

18 선호, 지유, 승수는 서로 다른 물건을 가졌습니다. 대화 글을 읽고 지유가 가진 물건을 찾아 ○표 하시오.

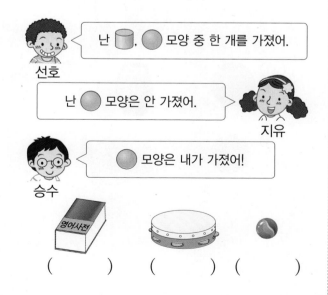

난 ⬛, ⚫ 모양 중 한 개를 가졌어.

선호

난 ⚫ 모양은 안 가졌어.

지유

⚫ 모양은 내가 가졌어!

승수

(   )   (   )   (   )

정답률 63.9%

유형 14 가지고 있는 모양의 수 구하기

희주는 다음과 같은 모양을 만들려고 했더니 ⬛ 모양 1개가 부족했습니다. 희주가 가지고 있는 ⬛ 모양은 몇 개입니까?

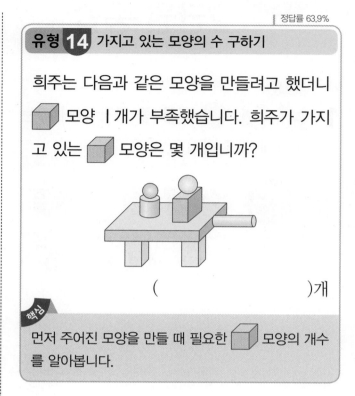

(   )개

핵심 먼저 주어진 모양을 만들 때 필요한 ⬛ 모양의 개수를 알아봅니다.

19 선우는 다음과 같은 모양을 만들려고 했더니 ⬛ 모양이 1개, ⚫ 모양이 1개 부족했습니다. 선우가 가지고 있는 ⬛, ⬛, ⚫ 모양은 각각 몇 개입니까?

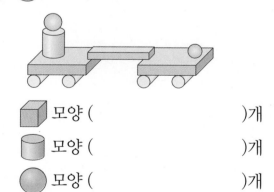

⬛ 모양 (   )개

⬛ 모양 (   )개

⚫ 모양 (   )개

2단원 종합

유형 1

1 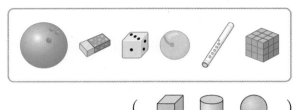 모양 중 가장 많이 있는 모양에 ○표 하시오.

(▢ , ⬭ , ⬤)

유형 3

3 오른쪽 물건의 모양을 잘못 설명한 것을 찾아 기호를 쓰시오.

㉠ 모든 부분이 둥급니다.
㉡ 둥근 부분이 있어서 굴릴 수 있습니다.
㉢ 평평한 부분이 있어서 쌓을 수 있습니다.

(   )

유형 2

2 모양이 <u>다른</u> 하나는 어느 것입니까? ·················· (   )

①   ②   ③

④   ⑤

유형 4

4 보이는 모양이 다음과 같은 모양의 물건은 어느 것입니까?·············· (   )

①   ②   ③

④   ⑤

5 유형 5

여러 가지 모양을 규칙적으로 늘어놓은 것입니다. □ 안에 알맞은 모양과 같은 모양의 물건에 ○표 하시오.

(   ) (   ) (   )

6 유형 6

모양을 만드는 데 사용한 ⬭ 모양은 몇 개입니까?

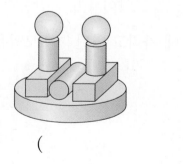

(   )개

7 유형 7

가와 나 두 모양을 만들 때 모두 사용한 모양에 ○표 하시오.

가   나

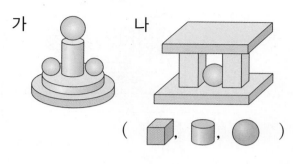

(▢ , ▢ , ●   )

8 유형 9

▨ 모양을 더 많이 사용하여 모양을 만든 사람은 누구입니까?

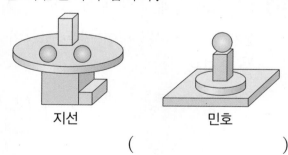

지선   민호

(   )

유형 10

9 주어진 모양을 모두 사용하여 만든 모양을 찾아 ○표 하시오.

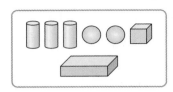

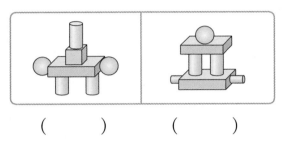

(   )   (   )

유형 12

11 주어진 모양을 만드는 데 ▢, ▢, ● 모양 중 가장 많이 사용한 모양과 같은 모양의 물건을 찾아 기호를 쓰시오.

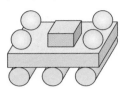

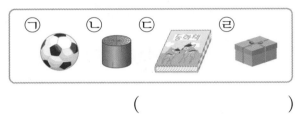

(   )

유형 11

10 ▢ 모양 2개, ▢ 모양 3개, ● 모양 2개를 모두 사용하여 만든 모양의 기호를 쓰시오.

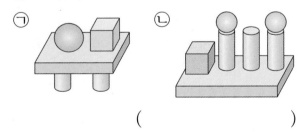

(   )

유형 14

12 현세는 다음과 같은 모양을 만들었더니 ▢ 모양이 1개 남았습니다. 현세가 처음에 가지고 있던 ▢ 모양은 몇 개입니까?

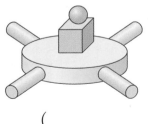

(   )개

정답률 99.4%

유형 1 그림을 보고 덧셈, 뺄셈하기

그림을 보고 □ 안에 알맞은 수를 구하시오.

$$3-0=\boxed{}$$

(   )

핵심

그림을 보고 뺄셈을 해 봅니다.

정답률 97.1%

유형 2 수 가르기

4를 두 수로 가르기하여 빈칸에 알맞은 수를 써넣으시오.

4	1	2	3
	3		1

핵심

4는 2와 몇으로 가르기할 수 있는지 알아봅니다.

1 그림을 보고 □ 안에 알맞은 수를 구하시오.

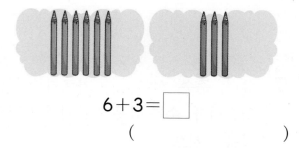

$$6+3=\boxed{}$$

(   )

2 그림에서 흰 건반은 검은 건반보다 몇 개 더 많습니까?

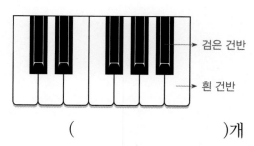

→ 검은 건반

→ 흰 건반

(   )개

3 8을 두 수로 가르기하여 빈칸에 알맞은 수를 써넣으시오.

8	2		5
	6	4	

4 다음은 어떤 수를 두 수로 가르기한 것인지 쓰시오.

3, 2		1, 4		2, 3

(   )

정답률 96.7%

유형 3 수 모으기

도미노의 점을 모았을 때 8이 <u>아닌</u> 것은 어느 것입니까? ·····················(   )

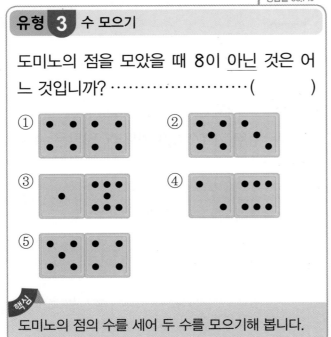

도미노의 점의 수를 세어 두 수를 모으기해 봅니다.

정답률 96.5%

유형 4 바르게 모으기(가르기)한 것 찾기

상근, 준현, 경환이는 수 모으기 놀이를 하였습니다. 바르게 모으기한 사람의 이름을 쓰시오.

2	3 → 4	상근
4	1 → 5	준현
7	2 → 5	경환

(   )

두 수를 모으기해 봅니다.

5 두 수를 모으기하여 7이 되는 것끼리 묶은 것에 ○표 하시오.

  2, 5   1, 4   3, 3

(   )   (   )   (   )

6 주어진 5개의 수 중에서 진영이는 가장 큰 수를 뽑았고, 소정이는 가장 작은 수를 뽑았습니다. 진영이와 소정이가 뽑은 두 수를 모으기하면 얼마입니까?

| 1 | 5 | 0 | 8 | 2 |

(   )

7 유나, 준수, 선아는 수 가르기 놀이를 하였습니다. 수를 <u>잘못</u> 가르기한 사람의 이름을 쓰시오.

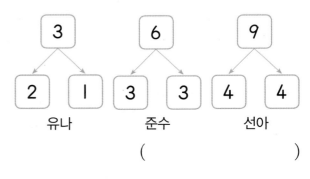

유형 5 수를 세 수로 가르기

6을 세 수로 가르기하려고 합니다. 빈칸에 알맞은 수는 어느 것입니까? …… (   )

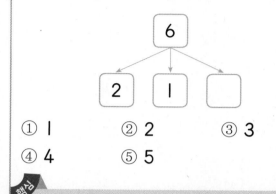

① I   ② 2   ③ 3
④ 4   ⑤ 5

핵심

6
ㄱ ㄴ ㄷ   ㉠, ㉡, ㉢을 모으기하면 6이 되어야 합니다.

8 7을 세 수로 가르기하려고 합니다. 빈칸에 알맞은 수는 어느 것입니까? … (   )

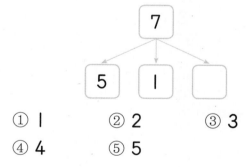

① I   ② 2   ③ 3
④ 4   ⑤ 5

9 세 수를 모으기하여 9가 되게 하려고 합니다. 빈칸에 알맞은 수를 구하시오.

(   )

유형 6 덧셈하기

진우는 빨간 색종이 2장과 노란 색종이 3장을 가지고 있습니다. 진우가 가지고 있는 색종이는 모두 몇 장입니까?

(   )장

핵심

■와 ▲가 모두 얼마인지 알아보려면 ■＋▲로 구합니다.

10 펭귄이 6마리 있습니다. 펭귄 3마리가 더 온다면 펭귄은 모두 몇 마리가 됩니까?

(   )마리

11 승연이가 가지고 있던 구슬 수와 오늘 산 구슬 수를 나타낸 것입니다. 승연이가 지금 가지고 있는 구슬은 모두 몇 개입니까?

	가지고 있던 구슬 수(개)	오늘 산 구슬 수(개)
노란색	2	2
빨간색	3	2

(   )개

정답률 93.9%

유형 7 뺄셈하기

달걀 7개 중에서 4개를 바구니에 넣었습니다. 바구니에 넣지 <u>않은</u> 달걀은 몇 개입니까?

( )개

핵심

문제에 알맞은 식을 세웁니다.

정답률 91.9%

유형 8 ㉠에 알맞은 수 구하기

㉠에 알맞은 수를 구하시오.

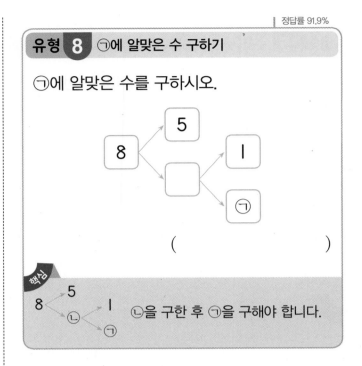

( )

핵심

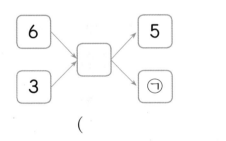

㉡을 구한 후 ㉠을 구해야 합니다.

12 민수가 색종이 8장 중에서 1장을 사용했습니다. 남은 색종이는 몇 장입니까?

( )장

14 ㉠에 알맞은 수를 구하시오.

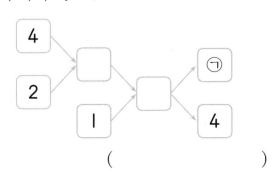

( )

13 코끼리 열차에 어린이가 9명 타고 있었습니다. 처음 정류장에서 2명이 내리고 다음 정류장에서 3명이 내렸습니다. 지금 코끼리 열차에 타고 있는 어린이는 몇 명입니까?

( )명

15 모으기와 가르기를 하여 ㉠에 알맞은 수를 구하시오.

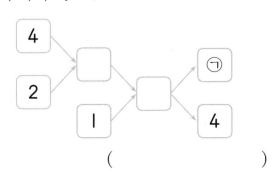

( )

유형 9 조건에 알맞은 수의 합과 차 구하기

다음 수 카드 중에서 가장 큰 수가 적힌 수 카드 한 장과 가장 작은 수가 적힌 수 카드 한 장을 골랐습니다. 고른 두 수 카드에 적힌 수의 합은 얼마입니까?

| 1 | 3 | 4 | 2 | 6 | 5 |

(   )

핵심

먼저 가장 큰 수와 가장 작은 수를 알아봅니다.

유형 10 계산 결과의 크기 비교하기

계산 결과가 가장 작은 것은 어느 것입니까?
···································· (   )

① 3+4   ② 9−4   ③ 4+2
④ 7−3   ⑤ 0+8

핵심

식을 각각 계산하여 계산 결과를 비교해 봅니다.

16 다음 수 카드 중에서 가장 큰 수가 적힌 수 카드 한 장과 가장 작은 수가 적힌 수 카드 한 장을 골랐습니다. 고른 두 수 카드에 적힌 수의 차는 얼마입니까?

| 3 | 4 | 2 | 6 | 7 | 5 |

(   )

18 계산 결과가 가장 큰 것은 어느 것입니까?
···································· (   )

① 0+6   ② 2+3
③ 4+4   ④ 6−3
⑤ 7−5

17 다음 수 카드 중에서 둘째로 큰 수가 적힌 수 카드 한 장과 가장 작은 수가 적힌 수 카드 한 장을 골랐습니다. 고른 두 수 카드에 적힌 수의 합은 얼마입니까?

| 5 | 7 | 2 | 8 | 1 | 4 |

(   )

19 계산 결과가 큰 것부터 차례대로 기호를 쓰시오.

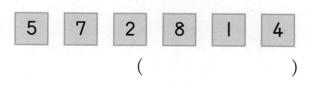

㉠ 3+5   ㉡ 9−2
㉢ 7−2   ㉣ 6+3

(   )

정답률 87.9%

유형 11 조건에 알맞은 수 모으기

오른쪽은 어떤 모양의 일부분입니다. 이 모양과 관계있는 모양에 적혀 있는 두 수를 모으기하면 얼마입니까?

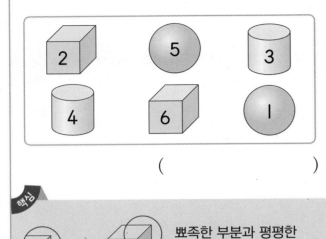

( )

핵심

뽀족한 부분과 평평한 부분이 있습니다.

정답률 87%

유형 12 ㉠과 ㉡에 알맞은 수의 합 구하기

㉠과 ㉡에 알맞은 수의 합을 구하시오.

$$4+㉠=9, \ 6+㉡=7$$

( )

핵심

합이 9가 되는 수와 합이 7이 되는 수를 알아봅니다.

21 ㉠과 ㉡에 알맞은 수의 합을 구하시오.

$$㉠-1=4, \ 7-㉡=5$$

( )

20 다음 설명에 알맞은 모양에 적혀 있는 두 수를 모으기하면 얼마입니까?

- 둥근 부분이 있습니다.
- 여러 방향으로 잘 굴러갑니다.

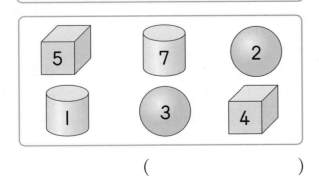

( )

22 같은 모양은 같은 수를 나타냅니다. ▲+●를 구하시오.

$$▲+2=8, \ ▲-●=5$$

( )

유형 13 수 카드로 덧셈식과 뺄셈식 만들기

수 카드가 4장 있습니다. 이 중에서 2장을 뽑아 합이 가장 작은 덧셈식을 쓰고, 계산하시오.

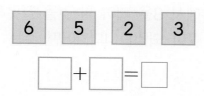

□ + □ = □

핵심

(합이 가장 작은 덧셈식)
=(가장 작은 수)+(둘째로 작은 수)

유형 14 똑같이 가르기할 수 있는 수 찾기

농구공이 6개, 배구공이 4개, 축구공이 5개 있습니다. 농구공, 배구공, 축구공 중에서 똑같이 두 묶음으로 가를 수 <u>없는</u> 공은 무엇입니까?

(   )

핵심

6, 4, 5 중 똑같은 두 수로 가르기할 수 없는 수를 찾습니다.

3
단원

---

23 수 카드가 4장 있습니다. 이 중에서 2장을 뽑아 합이 가장 큰 덧셈식을 쓰고, 계산하시오.

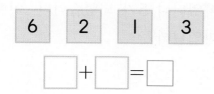

□ + □ = □

25 빵이 2개, 사탕이 7개, 초콜릿이 8개 있습니다. 빵, 사탕, 초콜릿 중에서 똑같이 두 묶음으로 가를 수 <u>없는</u> 것은 무엇입니까?

(   )

24 수 카드가 5장 있습니다. 이 중에서 2장을 뽑아 차가 가장 큰 뺄셈식을 쓰고, 계산하시오.

9	2	6	4	7

□ − □ = □

26 사탕 8개를 수지와 지훈이가 똑같이 나누어 가졌습니다. 지훈이는 나누어 가진 사탕을 똑같이 나누어 미리에게 주었습니다. 미리에게 준 사탕은 몇 개입니까?

(   )개

정답률 73.6%

유형 15 세 수 모으기

피자를 정훈이와 수연이는 각각 3조각씩 먹었고 범준이는 1조각을 먹었습니다. 세 사람이 먹은 피자는 모두 몇 조각입니까?

( )조각

 세 사람이 먹은 피자의 조각 수를 모두 모아 봅니다.

정답률 72%

유형 16 어떤 수 구하기

어떤 수에서 3을 빼야 할 것을 잘못하여 더했더니 7이 되었습니다. 어떤 수는 얼마입니까?

( )

어떤 수를 ☐라 하여 잘못 계산한 식을 만들고 ☐를 구합니다.

27 귤을 태하와 은지는 각각 2개씩 먹었고 준수는 3개를 먹었습니다. 세 사람이 먹은 귤은 모두 몇 개입니까?

( )개

29 어떤 수에 2를 더해야 할 것을 잘못하여 뺐더니 5가 되었습니다. 어떤 수는 얼마입니까?

( )

28 세 수 2, ㉠, ㉡을 모으기하여 9를 만들려고 합니다. 다음의 주어진 수 중에서 ㉠과 ㉡을 고른다면 고를 수 없는 수는 무엇입니까?

| 2, 3, 4, 5, 6 |

( )

30 4에 어떤 수를 더해야 할 것을 잘못하여 뺐더니 1이 되었습니다. 바르게 계산하면 얼마입니까?

( )

정답률 71.2%

유형 17 모으기와 가르기의 활용

위의 수를 아래의 두 수로 가르기한 것입니다. ■, ▲, ● 모양이 나타내는 세 수를 모으기하면 얼마입니까?

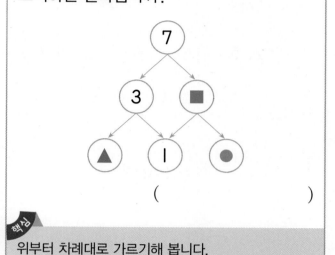

(   )

핵심

위부터 차례대로 가르기해 봅니다.

정답률 57.3%

유형 18 식에 알맞은 수 구하기

같은 모양은 같은 수를 나타냅니다. ■가 나타내는 수를 구하시오.

$$■ + ▲ = 8$$
$$■ - ▲ = 0$$

(   )

핵심

차가 0이 되는 두 수는 서로 같습니다.

---

31 위의 수를 아래의 두 수로 가르기한 것입니다. ㉠, ㉡, ㉢에 알맞은 세 수를 모으기하면 얼마입니까?

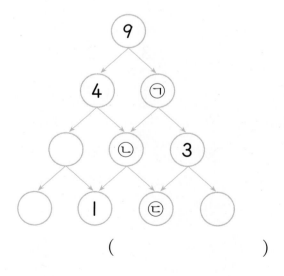

(   )

---

32 같은 모양은 같은 수를 나타냅니다. ◆가 나타내는 수를 구하시오.

$$♥ + ♥ = 6$$
$$◆ - ♥ = 2$$

(   )

---

33 같은 모양은 같은 수를 나타냅니다. ★이 나타내는 수를 구하시오.

$$9 - 2 = ●, \quad ● + 2 = ♥, \quad ♥ - 4 = ★$$

(   )

유형 1

1 그림에서 검은색 바둑돌은 흰색 바둑돌보다 몇 개 더 많습니까?

( )개

유형 3

2 두 수를 모으기하여 9가 되는 것끼리 묶어 놓은 사람의 이름을 쓰시오.

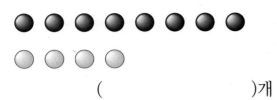

4	3

우진

4	5

선우

7	1

지선

( )

유형 2

3 다음은 어떤 수를 두 수로 가르기한 것인지 쓰시오.

| 2, 5 | 1, 6 | 3, 4 |

( )

유형 5

4 8을 세 수로 가르기하려고 합니다. 빈칸에 알맞은 수를 구하시오.

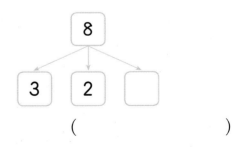

( )

5 유형 4 가르기를 바르게 한 것은 어느 것입니까?
.... (   )

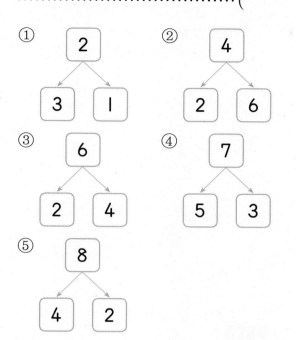

7 유형 7 지민이는 감을 6개 가지고 있습니다. 선주는 지민이보다 감을 2개 더 적게 가지고 있습니다. 선주가 가지고 있는 감은 몇 개입니까?

(   )개

8 유형 9 다음 수 카드 중에서 6보다 작은 수를 모두 찾으려고 합니다. 찾은 수 카드에 적힌 수의 합은 얼마입니까?

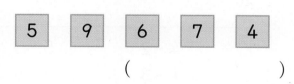

(   )

6 유형 6 풍선을 정인이는 3개 가지고 있고 승기는 5개 가지고 있습니다. 두 사람이 가지고 있는 풍선은 모두 몇 개입니까?

(   )개

유형 8

9 모으기와 가르기를 하여 ㉠에 알맞은 수를 구하시오.

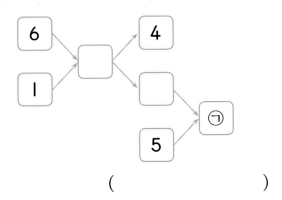

(   )

유형 10

10 계산 결과가 작은 것부터 차례대로 기호를 쓰시오.

㉠ 4−2   ㉡ 5+0
㉢ 1+3   ㉣ 9−6

(   )

유형 12

11 ㉠과 ㉡에 알맞은 수의 합을 구하시오.

2+㉠=9, 6+㉡=8

(   )

유형 11

12 다음 설명에 알맞은 모양에 적혀 있는 세 수를 모으기하면 얼마입니까?

• 둥근 부분과 평평한 부분이 있습니다.
• 눕히면 잘 굴러가고 세우면 잘 쌓을 수도 있습니다.

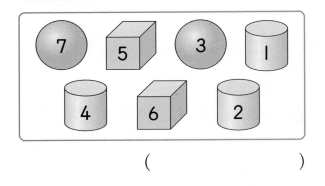

(   )

13 유형 14 ┃조건┃에 알맞은 수는 모두 몇 개입니까?

┃조건┃
- 똑같은 두 수로 가르기할 수 있습니다.
- 1과 7 사이의 수입니다.

(   )개

14 유형 13 수 카드가 4장 있습니다. 이 중에서 2장을 뽑아 차가 가장 큰 뺄셈식을 쓰고, 계산하시오.

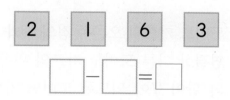

15 유형 15 세 수 1, ㉠, ㉡을 모으기하여 9를 만들려고 합니다. 1부터 9까지의 수 중에서 ㉠과 ㉡을 고른다면 고를 수 없는 수는 모두 몇 개입니까?

(   )개

16 유형 16 어떤 수에 3을 더해야 할 것을 잘못하여 뺐더니 2가 되었습니다. 바르게 계산하면 얼마입니까?

(   )

유형 18

17 같은 모양은 같은 수를 나타냅니다. ◆가 나타내는 수를 구하시오.

$$7 - 3 = ●$$
$$● + 4 = ▲$$
$$▲ - 6 = ◆$$

(   )

18 흰색 바둑돌 몇 개와 검은색 바둑돌 5개를 합하여 바둑돌 9개를 상자 속에 넣었습니다. 상자 속에 넣은 검은색 바둑돌은 흰색 바둑돌보다 몇 개 더 많습니까?

(   )개

유형 17

19 위의 수를 아래의 두 수로 가르기한 것입니다. ■, ▲, ● 모양이 나타내는 세 수를 모으기하면 얼마입니까?

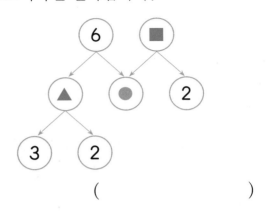

(   )

20 다음과 같은 카드를 도미노 카드라고 합니다.

도미노 카드의 오른쪽 점의 수와 오른쪽에 연결한 다른 도미노 카드의 왼쪽 점의 수의 합이 7이 되도록 도미노 카드 4장을 이어 붙였습니다. ㉠, ㉡, ㉢에 알맞은 세 수를 모으기해 보시오.

(   )

정답률 97.1%

유형 **1** 무게 비교하기

무게가 가장 가벼운 동물을 찾아 쓰시오.

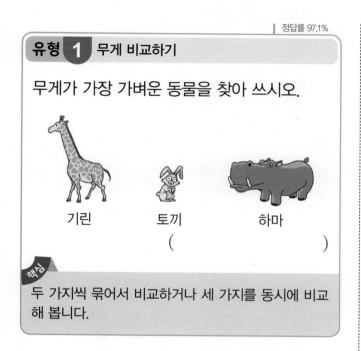

기린　　토끼　　하마

(　　　　　　　　)

핵심

두 가지씩 묶어서 비교하거나 세 가지를 동시에 비교해 봅니다.

정답률 96.7%

유형 **2** 높이 비교하기

가장 높은 것에 ○표, 가장 낮은 것에 △표 하시오.

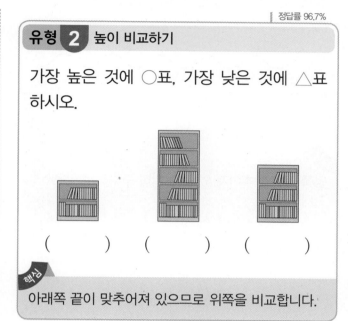

(　　　)　(　　　)　(　　　)

핵심

아래쪽 끝이 맞추어져 있으므로 위쪽을 비교합니다.

1 가장 무거운 것을 찾아 쓰시오.

오토바이　　자동차　　자전거

(　　　　　　　　)

2 양팔 저울에 그림과 같이 올려 놓았더니 무게가 같아졌습니다. 보라색 구슬과 분홍색 구슬 중에서 한 개의 무게가 더 무거운 것은 어느 것인지 쓰시오.

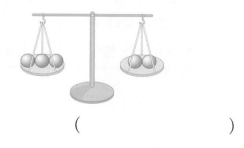

(　　　　　　　　)

3 가장 높은 것에 ○표, 가장 낮은 것에 △표 하시오.

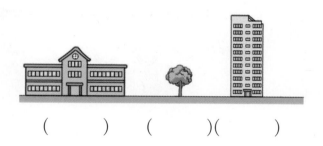

(　　　)　(　　　)(　　　)

4 블록을 가장 높게 쌓은 사람의 이름을 쓰시오.

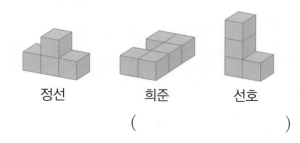

정선　　희준　　선호

(　　　　　　　　)

정답률 96.3%

유형 3 길이 비교하기

길이가 가장 긴 것을 찾아 기호를 쓰시오.

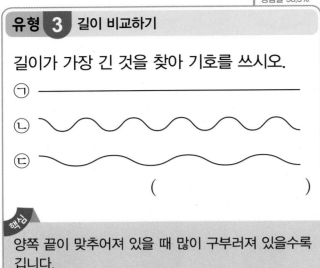

( )

핵심

양쪽 끝이 맞추어져 있을 때 많이 구부러져 있을수록 깁니다.

정답률 96%

유형 4 넓이 비교하기

가장 넓은 동전은 어느 것입니까? ( )

① 1 ② 10 ③ 50
④ 100 ⑤ 500

핵심

겹쳐 보았을 때 남는 부분이 있는 것이 더 넓습니다.

5 길이가 가장 긴 줄넘기를 찾아 기호를 쓰시오.

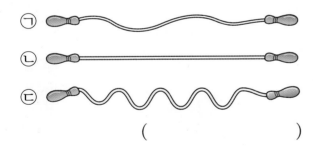

( )

6 짧은 것부터 차례대로 1, 2, 3을 쓰시오.

( )
( )
( )

7 다음 중 자르거나 접지 않고 오른쪽 액자 안에 넣을 수 없는 그림은 어느 것입니까? ·············· ( )

① ②
③ ④
⑤

8 공원, 놀이터, 체육관의 넓이를 비교하여 넓은 곳부터 차례대로 쓰시오.

• 공원은 놀이터보다 더 넓고, 공원은 체육관보다 더 넓습니다.
• 체육관은 놀이터보다 더 넓습니다.

( )

유형 5 키 비교하기

키가 가장 작은 사람은 누구입니까?

남희   경호   현주

(   )

핵심

아래쪽 끝이 맞추어져 있으므로 위쪽을 비교합니다.

유형 6 마신 양 비교하기

똑같은 컵 3개에 우유를 가득 따른 후 각자 마시고 남은 것입니다. 누가 우유를 가장 많이 마셨습니까?

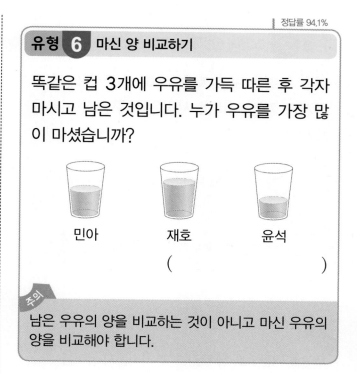

민아   재호   윤석

(   )

주의

남은 우유의 양을 비교하는 것이 아니고 마신 우유의 양을 비교해야 합니다.

9 키가 가장 큰 사람은 누구입니까?

승우   지수   영희

(   )

11 똑같은 컵 3개에 물을 가득 따른 후 각자 마시고 남은 것입니다. 누가 물을 가장 적게 마셨습니까?

은영   주원   상미

(   )

10 키가 가장 큰 사람의 이름을 쓰시오.

성호   지민   준우

(   )

12 각자 그릇에 있는 물을 모두 마시려고 합니다. 누가 물을 가장 많이 마시게 됩니까?

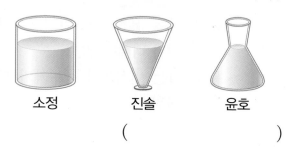

소정   진솔   윤호

(   )

| 정답률 94%

유형 7 조건에 알맞은 사람 찾기

다음 대화를 보고 지호, 수미, 민주 중에서 몸무게가 가장 가벼운 사람은 누구인지 이름을 쓰시오.

지호
나는 민주보다 몸무게가 더 무거워.

나는 민주보다 몸무게가 더 가벼워.

수미

(   )

핵심 누구를 기준으로 더 무겁고 더 가벼운지 알아봅니다.

13 진아, 은채, 민우 중에서 몸무게가 가장 무거운 사람은 누구인지 이름을 쓰시오.

나는 진아보다 몸무게가 더 가볍고, 민우보다 더 무거워.
은채

(   )

14 다음을 읽고 규진, 윤성, 민서 중에서 몸무게가 가벼운 사람부터 차례대로 이름을 쓰시오.

- 규진: 나는 윤성이와 민서보다 몸무게가 더 무거워.
- 윤성: 나는 민서보다 몸무게가 더 가벼워.

(   )

| 정답률 93.6%

유형 8 담긴 물의 양 비교하기

담긴 물의 양이 가장 많은 것에 ○표 하시오.
(단, 물의 높이는 모두 같습니다.)

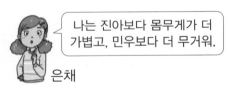

(   ) (   ) (   )

핵심 물의 높이가 모두 같고 그릇의 크기가 다른 경우에는 그릇의 크기가 클수록 물이 많이 들어 있습니다.

15 담긴 물의 양이 많은 것부터 차례대로 1, 2, 3을 쓰시오. (단, 물의 높이는 모두 같습니다.)

(   ) (   ) (   )

16 물이 담긴 병을 막대로 두드리면 담긴 물의 양이 적을수록 높은 소리가 납니다. 막대로 병을 두드렸을 때 가장 높은 소리가 나는 병을 찾아 기호를 쓰시오.

가   나   다

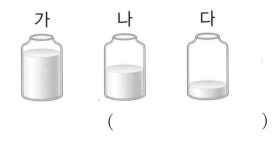

(   )

유형 9 무게 비교하기

가장 무거운 동물의 이름을 쓰시오.

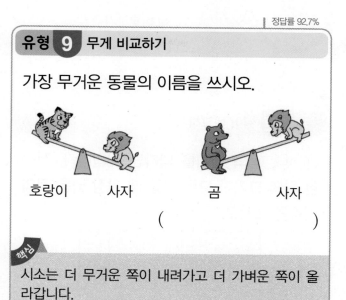

호랑이   사자   곰   사자

(   )

^{핵심} 시소는 더 무거운 쪽이 내려가고 더 가벼운 쪽이 올라갑니다.

17 가장 가벼운 사람의 이름을 쓰시오.

동우   지현   재석   지현

(   )

18 시후는 주원이보다 더 무겁고, 시영이는 소희보다 더 가볍습니다. 시소에 앉은 그림을 보고 소희, 시후, 주원, 시영이 중에서 둘째로 가벼운 사람은 누구입니까?
·····················( )

소희   시후   주원   소희

① 소희   ② 시후   ③ 주원
④ 시영   ⑤ 알 수 없습니다.

유형 10 담긴 물의 양 비교하기

그릇 ㉠, ㉡, ㉢에 담긴 물의 양을 잘못 비교한 사람은 누구인지 이름을 쓰시오.

㉠   ㉡   ㉢

- 정수: ㉠ 그릇에 담긴 물의 양이 가장 많아.
- 은미: ㉡ 그릇의 물의 높이가 가장 높으므로 담긴 물의 양이 가장 많아.
- 준하: ㉢ 그릇에 담긴 물의 양이 두 번째로 많아.

(   )

^{핵심} 물의 높이가 같을 때에는 그릇의 크기를 비교합니다.

19 그릇 ㉠, ㉡, ㉢에 담긴 물의 양을 바르게 비교한 사람은 누구인지 이름을 쓰시오.

㉠   ㉡   ㉢

- 재민: ㉠ 그릇이 가장 높으니까 물의 양이 가장 많아.
- 선우: 물의 높이가 모두 같으니까 물의 양도 모두 같아.
- 다현: ㉢ 그릇에 담긴 물의 양이 두 번째로 많아.

(   )

정답률 74.7%

유형 11 길이 비교하기

주석이네 집에서 학교까지 가는 길은 빨간 선과 파란 선 2가지가 있습니다. 빨간 선과 파란 선 중에서 어느 선을 따라가는 길이 더 짧습니까? (단, □의 길이는 모두 같습니다.)

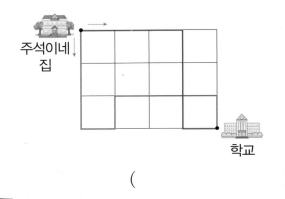

( )

핵심

빨간 선과 파란 선이 각각 한 칸의 선을 몇 번 지나는지 알아봅니다.

정답률 74%

유형 12 넓이 비교하기

㉠, ㉡, ㉢의 넓이를 나타낸 것입니다. 작은 한 칸의 크기가 모두 같을 때 가장 넓은 것의 기호를 쓰시오.

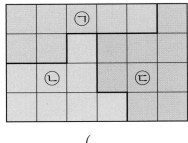

( )

핵심

㉠, ㉡, ㉢은 각각 몇 칸씩인지 칸 수를 세어 넓이를 비교합니다.

20 승훈이네 집에서 백화점까지 가는 길은 빨간 선과 파란 선 2가지가 있습니다. 빨간 선과 파란 선 중에서 어느 선을 따라가는 길이 더 짧습니까? (단, □의 길이는 모두 같습니다.)

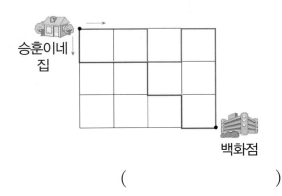

( )

21 경미와 기수는 땅따먹기 놀이를 하였습니다. 경미가 차지한 땅은 파란색, 기수가 차지한 땅은 빨간색으로 칠했습니다. 작은 한 칸의 크기가 모두 같을 때 더 넓은 땅을 차지한 사람은 누구입니까?

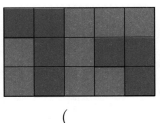

( )

정답률 72.1%

유형 13 키 비교하기

다음을 읽고 키가 가장 작은 사람은 누구인지 이름을 쓰시오.

- 주석이는 원규보다 키가 더 큽니다.
- 원규는 선미보다 키가 더 큽니다.

( )

핵심
두 명씩 키를 비교하여 봅니다.

정답률 65.8%

유형 14 무게 비교하기

고구마, 감자, 옥수수의 무게를 비교하여 가벼운 것부터 차례대로 쓰시오.

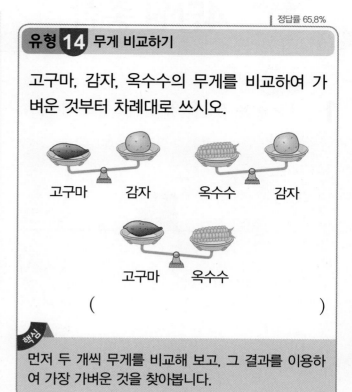

고구마   감자   옥수수   감자

고구마   옥수수

( )

핵심
먼저 두 개씩 무게를 비교해 보고, 그 결과를 이용하여 가장 가벼운 것을 찾아봅니다.

4
단원

---

22 다음을 읽고 키가 가장 작은 사람은 누구인지 이름을 쓰시오.

- 태빈이는 창주보다 키가 더 큽니다.
- 소라는 태빈이보다 키가 더 큽니다.

( )

---

23 다음을 읽고 키가 큰 사람부터 차례대로 이름을 쓰시오.

- 유빈이는 정원이보다 키가 더 작습니다.
- 주하는 정원이보다 키가 더 작습니다.
- 유빈이는 주하보다 키가 더 큽니다.

( )

---

24 동물들이 시소를 타고 있습니다. 가장 가벼운 동물은 무엇입니까?

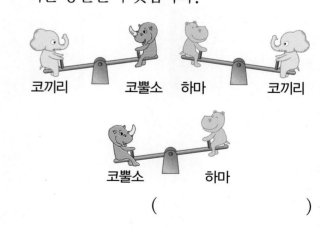

코끼리   코뿔소   하마   코끼리

코뿔소   하마

( )

유형 2

1 가장 높은 건물을 찾아 기호를 쓰시오.

ㄱ　　　　　　ㄴ　　　　　　ㄷ

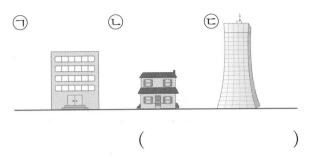

(　　　　　　　)

유형 1

3 똑같은 접시에 같은 무게의 구슬을 가에는 6개, 나에는 8개 올려놓았습니다. 더 무거운 접시의 기호를 쓰시오.

가　　　　　　　나

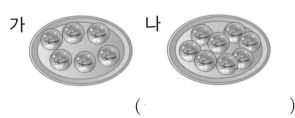

(　　　　　　　)

유형 3

2 똑같은 기둥에 줄을 감았습니다. 감은 줄이 더 긴 것의 기호를 쓰시오.

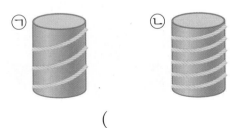

(　　　　　　　)

유형 4

4 선을 따라 잘랐을 때 가장 좁은 것을 찾아 기호를 쓰시오.

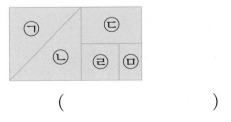

(　　　　　　　)

5 유형 5 키가 큰 사람부터 차례대로 이름을 쓰시오.

승준　　　진솔　　　유정

(　　　　　　　　　　　)

7 유형 8 물이 가장 많이 들어 있는 그릇을 찾아 기호를 쓰시오.

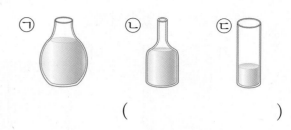

(　　　　　　　　　　　)

6 유형 6 똑같은 컵에 물을 가득 채워 마시고 남은 것입니다. 물을 가장 적게 마신 사람은 누구입니까?

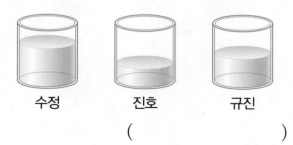

수정　　　진호　　　규진

(　　　　　　　　　　　)

8 유형 7 다음을 읽고 몸무게가 무거운 사람부터 차례대로 이름을 쓰시오.

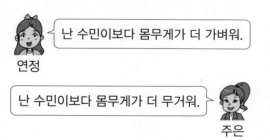

난 수민이보다 몸무게가 더 가벼워.

연정

난 수민이보다 몸무게가 더 무거워.

주은

(　　　　　　　　　　　)

4단원 종합

유형 12

9 한 칸의 크기가 같은 밭 가와 나에 같은 간격으로 꽃을 심었습니다 어느 밭에 꽃을 더 많이 심었습니까?

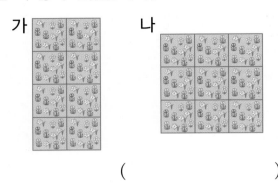

가 　　　나

(　　　　　　　　　)

유형 11

10 학교에서 서점까지 가는 길은 빨간 선과 파란 선 2가지가 있습니다. 빨간 선과 파란 선 중에서 어느 선을 따라가는 길이 더 짧습니까? (단, □의 길이는 모두 같습니다.)

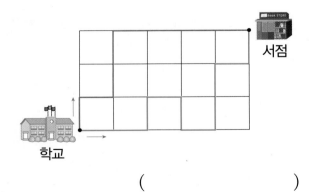

(　　　　　　　　　)

유형 13

11 키가 작은 사람부터 차례대로 설 때 셋째에 서게 되는 사람은 누구입니까?

봉주　　희재　　민영　　승호

(　　　　　　　　　)

유형 14

12 피망, 마늘, 양파의 무게를 비교하여 가벼운 것부터 차례대로 쓰시오.

피망　마늘　　양파　마늘

피망　양파

(　　　　　　　　　)

실전 모의고사 1회

점수

1 축구공의 수를 세어 보고 수를 쓰시오.

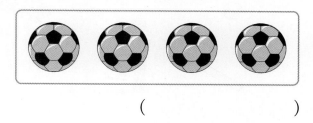

( )

2 어떤 모양을 모은 것인지 알맞은 모양을 찾아 번호를 쓰시오.

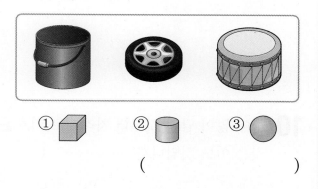

① ② ③

( )

3 가르기를 하여 빈칸에 알맞은 수만큼 ○를 그려 넣으려고 합니다. ○는 몇 개 그려야 합니까?

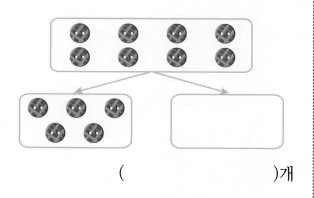

( )개

4 모양이 <u>다른</u> 하나는 어느 것입니까?
·····················( )

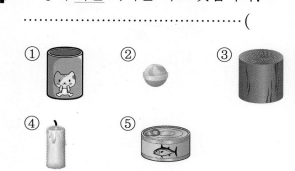

① ② ③

④ ⑤

5 수를 순서대로 쓴 것입니다. ㉠에 알맞은 수를 구하시오.

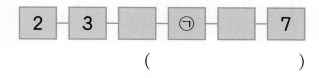

| 2 | 3 | | ㉠ | | 7 |

( )

6 하경이와 주희 중에서 더 가벼운 사람은 누구인지 번호를 쓰시오.

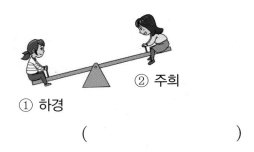

① 하경 　② 주희

(　　　　　)

7 주어진 수보다 1만큼 더 작은 수를 쓰시오.

8

(　　　　　)

8 모양을 만드는 데 사용한 ⬭ 모양은 몇 개입니까?

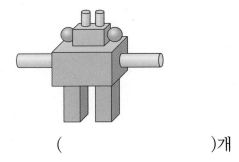

(　　　　　)개

9 오른쪽 보이는 모양과 같은 모양의 물건은 어느 것입니까?·········(　　　)

① 　② 　③

④ 　⑤

10 물이 많이 담긴 것부터 차례대로 기호를 쓴 것은 어느 것입니까?··········(　　　)

① ㉠, ㉡, ㉢ 　② ㉠, ㉢, ㉡
③ ㉡, ㉠, ㉢ 　④ ㉡, ㉢, ㉠
⑤ ㉢, ㉠, ㉡

11 필통에 빨간색 색연필 4자루와 파란색 색연필 5자루가 들어 있습니다. 필통에 들어 있는 색연필은 모두 몇 자루입니까?

(   )자루

12 가장 큰 수와 가장 작은 수의 차를 구하시오.

4   3   6

(   )

13 다음 중에서 잘못 설명한 것은 어느 것입니까?·······················(   )

① 스케치북이 가장 넓습니다.
② 수첩이 가장 좁습니다.
③ 수첩은 공책보다 더 좁습니다.
④ 공책은 스케치북보다 더 넓습니다.
⑤ 공책은 수첩보다 더 넓습니다.

14 ⬛ 모양 3개, ⬭ 모양 2개, ⬤ 모양 3개로 만든 모양은 어느 것인지 번호를 쓰시오.

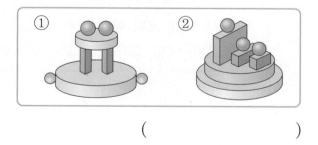

(   )

15 오른쪽 그림은 쌓기나무를 5개 쌓은 것입니다. 위에서 둘째에 있는 쌓기나무는 아래에서 몇째에 있습니까?····················· (   )

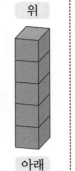

위

아래

① 첫째   ② 둘째

③ 셋째   ④ 넷째

⑤ 다섯째

16 다음은 미국 민요인 '열 꼬마 인디언'의 가사 중 일부입니다. 밑줄 친 두 수가 나타내는 수의 차를 구하시오.

> 한 꼬마 두 꼬마 세 꼬마 인디언
> 네 꼬마 <u>다섯</u> 꼬마 여섯 꼬마 인디언
> 일곱 꼬마 여덟 꼬마 <u>아홉</u> 꼬마 인디언

(   )

17 1부터 9까지의 수 중에서 ☐ 안에 들어갈 수 있는 수를 구하시오.

> ☐은/는 8보다 큽니다.

(   )

18 모눈종이에서 선의 길이가 가장 짧은 것은 어느 것인지 찾아 번호를 쓰시오.

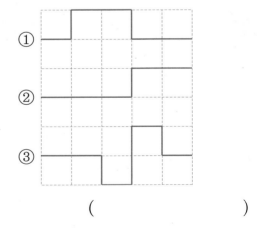

(   )

19 그림과 같은 모양을 2개 만들려고 합니다.
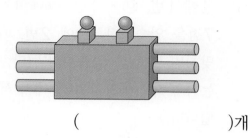 모양은 몇 개 필요합니까?

(   )개

20 다음은 연필, 색연필, 볼펜의 길이를 비교한 것입니다. 연필, 색연필, 볼펜 중에서 가장 긴 것을 찾아 번호를 쓰시오.

- 연필은 색연필보다 더 짧습니다.
- 볼펜은 연필보다 더 짧습니다.

① 연필   ② 색연필   ③ 볼펜

(   )

21 색종이를 형은 6장, 동생은 2장 가지고 있습니다. 형과 동생의 색종이의 수가 똑같아지려면 형은 동생에게 색종이를 몇 장 주어야 합니까?

(   )장

22 ▨ 안의 수는 같은 줄의 양쪽에 있는 ◯ 안의 두 수의 합입니다. ㉠에 알맞은 수를 구하시오.

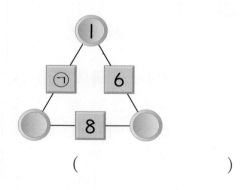

(   )

23 ㉠, ㉡, ㉢, ㉣은 0이 아닌 서로 다른 수입니다. ㉠이 될 수 있는 수 중에서 가장 큰 수를 구하시오.

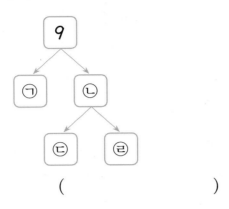

( )

24 다음을 읽고 선아와 진현이 사이에 있는 학생 수를 구하시오.

> • 9명이 한 줄로 서 있습니다.
> • 유진이는 맨 앞에 서 있고 유진이와 진현이 사이에는 4명이 서 있습니다.
> • 정은이는 맨 뒤에 서 있고 선아와 정은이 사이에는 5명이 서 있습니다.

( )명

25 다음과 같은 과녁에 화살을 3번 던져서 ㉮에 2번, ㉯에 1번을 맞히면 9점을 얻고, ㉮에 1번, ㉯에 1번, ㉰에 1번을 맞히면 7점을 얻습니다. ㉯에 2번, ㉰에 1번을 맞히면 몇 점을 얻습니까? (단, ㉮, ㉯, ㉰는 1부터 5까지의 수 중에서 서로 다른 수입니다.)

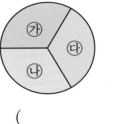

( )점

실전 모의고사 **2회**

1 고깔모자의 수를 세어 보고 수를 쓰시오.

(   )

2 왼쪽과 같은 모양을 찾아 번호를 쓰시오.

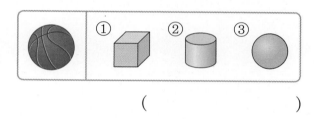

(   )

3 자전거의 수를 바르게 읽은 것은 어느 것입니까?·····························(   )

① 오   ② 여섯   ③ 칠
④ 여덟   ⑤ 아홉

4 가르기를 하려고 합니다. 빈칸에 들어갈 복숭아는 몇 개입니까?

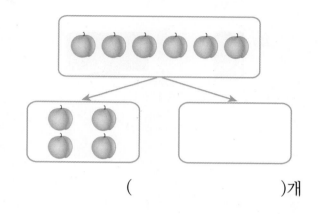

(   )개

5 왼쪽에서 넷째에 있는 것은 어느 것입니까?·····························(   )

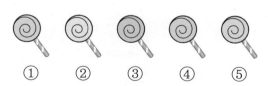

①   ②   ③   ④   ⑤

6 가장 무거운 것은 어느 것입니까?

·· (   )

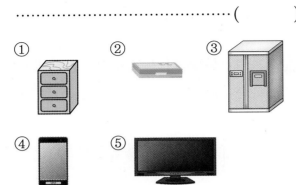

7 빈칸에 알맞은 수를 구하시오.

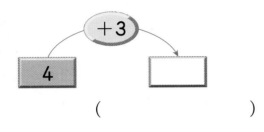

(   )

8 연필보다 더 긴 것은 어느 것입니까?

·· (   )

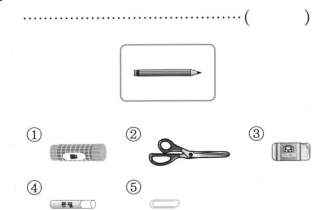

9 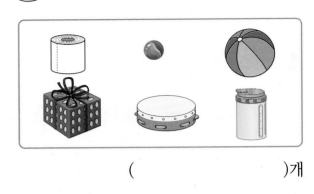 모양은 모두 몇 개입니까?

(   )개

10 왼쪽의 수만큼 그림을 묶었을 때, 묶지 않은 그림은 몇 개입니까?

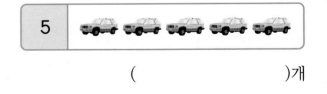

(   )개

11 가장 작은 수를 찾아 수로 나타내 보시오.

> 셋, 일곱, 사, 아홉, 육

(   )

12 9명의 어린이가 한 줄로 서 있습니다. 지영이는 뒤에서 첫째에 서 있습니다. 뒤에서 여섯째에 서 있는 어린이는 누구입니까?

··· (   )

정환 지은 동선 지훈 승희 성윤 태영 윤주 지영

① 정환   ② 지훈

③ 승희   ④ 성윤

⑤ 윤주

13 다음 설명에 알맞은 모양의 물건은 어느 것입니까?····························· (   )

> 평평하고 뾰족한 부분이 있습니다.

14 잘못 설명한 사람은 누구인지 찾아 번호를 쓰시오.

> • 가인: 3과 3을 모으기하면 6입니다.
> • 진용: 7은 5와 1로 가르기할 수 있습니다.
> • 선주: 5는 2와 3으로 가르기할 수 있습니다.

① 가인   ② 진용   ③ 선주

(   )

15 작은 한 칸의 크기가 모두 같습니다. ①과 ② 중에서 더 넓은 것은 어느 것입니까?

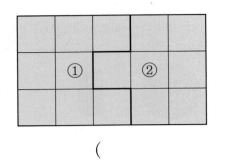

( )

17 똑같은 병에 물감을 섞은 물을 담았습니다. 물이 담긴 병을 막대로 두드리면 물이 많이 담길수록 낮은 소리가 나고 물이 적게 담길수록 높은 소리가 납니다. 막대로 병을 두드렸을 때 가장 높은 소리가 나는 것은 어느 것입니까? ………………………… ( )

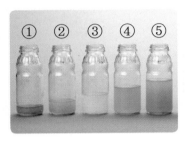

16 가, 나, 다를 만드는 데 모두 사용한 모양은 어느 것인지 찾아 번호를 쓰시오.

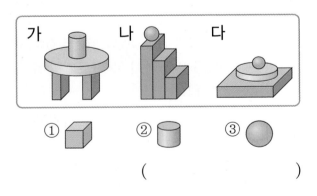

( )

18 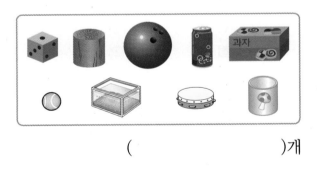 모양 중에서 가장 많이 있는 모양을 찾아 개수를 구하시오.

( )개

19 🔵 모양은 🔲 모양보다 몇 개 더 많습니까?

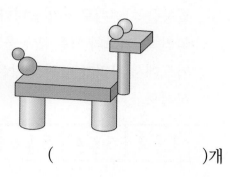

( )개

20 4장의 수 카드 중에서 2장을 뽑아 적힌 두 수를 모으기하였더니 7이 되었습니다. 남은 두 수 카드에 적힌 수를 모으기하면 얼마입니까?

| 4 | 6 | 1 | 2 |

( )

21 정혁이는 파란색 볼펜 6자루와 빨간색 볼펜 1자루를 가지고 있었습니다. 이 중에서 5자루를 오빠에게 주고 남은 것은 모두 동생에게 주었습니다. 동생에게 준 볼펜은 몇 자루입니까?

( )자루

22 두 조건을 모두 만족하는 수가 3개일 때 ●에 알맞은 수를 구하시오.

- 2와 8 사이의 수입니다.
- ●보다 큰 수입니다.

( )

23 주하는 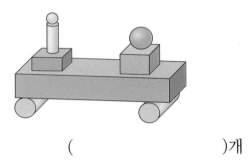 모양을 사용하여 다음과 같은 모양을 만들려고 했더니 ⬜ 모양은 1개 남았고 ⬭ 모양과 ⚫ 모양은 1개씩 부족했습니다. 주하가 가지고 있는 ⬜ 모양은 ⚫ 모양보다 몇 개 더 많은지 구하시오.

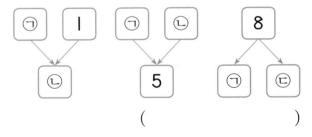

(   )개

24 같은 기호는 같은 수를 나타낼 때, ㉢에 알맞은 수를 구하시오.

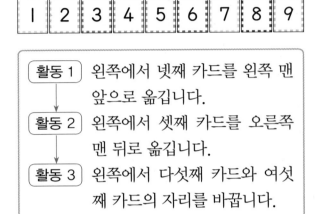

(   )

25 다음과 같이 수 카드를 작은 수부터 순서대로 늘어놓은 후 놓여 있는 수 카드로 다음 활동을 차례대로 하였습니다. 이때 처음에 놓인 수 카드와 모든 활동을 한 후 놓인 수 카드에서 자리가 바뀌지 않은 수의 차를 구하시오.

| 1 | 2 | 3 | 4 | 5 | 6 | 7 | 8 | 9 |

활동 1	왼쪽에서 넷째 카드를 왼쪽 맨 앞으로 옮깁니다.
활동 2	왼쪽에서 셋째 카드를 오른쪽 맨 뒤로 옮깁니다.
활동 3	왼쪽에서 다섯째 카드와 여섯째 카드의 자리를 바꿉니다.

(   )

실전 모의고사 3회

점수

1 수로 나타내 보시오.

여덟

(   )

2 쓰러진 볼링핀의 수를 세어 보고 수를 쓰시오.

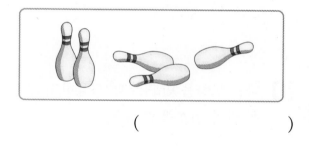

(   )

3 주어진 모양과 같은 모양을 찾아 번호를 쓰시오.

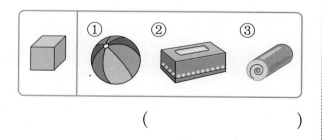

(   )

4 순서에 맞게 빈칸에 알맞은 수를 구하시오.

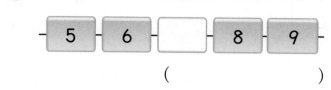

(   )

5 모양의 물건이 <u>아닌</u> 것은 어느 것입니까?·······················(   )

6 두 수를 모으기한 수를 쓰시오.

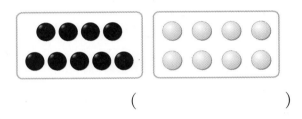

| 2 | 3 |

( )

7 검은색 바둑돌과 흰색 바둑돌 중에서 하나 더 많은 것의 수를 쓰시오.

( )

8 가장 긴 것은 어느 것입니까?····( )

① ② 크레파스 ③ ④ ⑤

9 오른쪽 보이는 모양과 같은 모양이 <u>아닌</u> 물건은 어느 것입니까?··········( )

① ② ③

④ ⑤

10 다음 모양을 만드는 데 사용하지 <u>않은</u> 모양을 찾아 번호를 쓰시오.

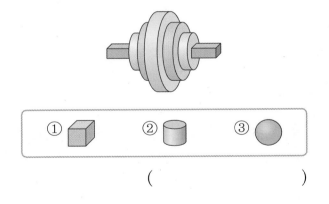

① ② ③

( )

11 과일을 그림과 같이 늘어놓았습니다. 왼쪽에서 첫째에 놓여 있는 과일은 오른쪽에서 몇째에 놓여 있습니까?……(   )

① 첫째   ② 둘째   ③ 셋째

④ 넷째   ⑤ 다섯째

12 그림과 같이 나무판을 기울여 놓은 다음 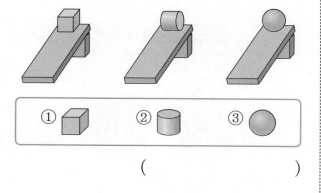 모양을 굴려 보았습니다. 잘 구르지 <u>않는</u> 모양을 찾아 번호를 쓰시오.

(   )

13 왼쪽 그림보다 하나 더 많게 ○를 그리려고 합니다. ○를 몇 개 더 그리면 됩니까?

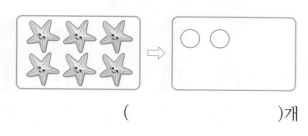

(   )개

14 주어진 수 중에서 6보다 큰 수는 모두 몇 개입니까?

7, 4, 8, 6, 2, 9

(   )개

15 키가 둘째로 큰 사람을 찾아 번호를 쓰시오.

선아	호진	경수	은주	진우
①	②	③	④	⑤

( )

16 세 수를 모으기하여 8이 되게 하려고 합니다. □ 안에 알맞은 수를 구하시오.

| 1 | 4 | □ |

( )

17 다음은 혁재와 소라가 가지고 있는 물건입니다. 두 사람이 모두 가지고 있는 모양을 찾아 번호를 쓰시오.

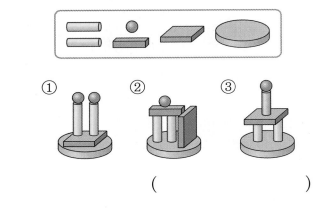

① ② ③

( )

18 주어진 모양을 모두 사용하여 만든 모양을 찾아 번호를 쓰시오.

① ② ③

( )

19 계산 결과가 가장 큰 것은 어느 것입니까?
....( )

① 3+2   ② 9−5   ③ 6+0
④ 7+1   ⑤ 8−1

21 고구마, 감자, 무 중에서 가벼운 것부터 차례대로 쓴 것은 어느 것입니까?
....( )

> 고구마는 감자보다 더 무겁고 무보다 더 가볍습니다.

① 고구마, 감자, 무

② 감자, 고구마, 무

③ 감자, 무, 고구마

④ 고구마, 무, 감자

⑤ 무, 고구마, 감자

20 준영이와 종호가 가지고 있는 수 카드입니다. 수 카드에 쓰여 있는 두 수의 합을 구하였을 때 더 작은 수를 쓰시오.

2	5		6	3

준영   종호

( )

22 윤지네 집에서 학교까지 가는 방법은 그림과 같이 2가지가 있습니다. ①과 ② 중에서 어느 길로 가는 것이 더 가깝습니까?
(단, □의 길이는 모두 같습니다.)

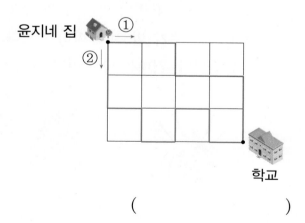

( )

23 잠자리를 만드는 데 사용한 모양에 다른 모양을 더 사용하여 기린을 만들었습니다. □ 안에 알맞은 수를 구하시오.

기린

잠자리

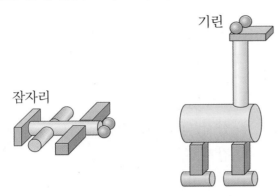

⬤ 모양을 □ 개 더 많이 사용하여 기린을 만들었습니다.

( )

24 거미는 다리가 8개이고 벌은 다리가 6개 입니다. 거미와 벌의 마리 수가 같고 거미 전체 다리 수가 벌 전체 다리 수보다 6개 더 많습니다. 거미는 몇 마리입니까?

거미   벌

( )마리

25 1부터 9까지의 수가 순서대로 놓여 있습니다. 세 조건을 만족하는 (㉮, ㉯)가 될 수 있는 경우는 모두 몇 가지입니까?

- ㉮와 ㉯는 1부터 9까지의 수 중 서로 다른 수입니다.
- ㉮와 ㉯ 사이의 수는 3개입니다.
- ㉮는 ㉯보다 작습니다.

( )가지

실전 모의고사 4회

1 색칠된 그림의 수를 세어 보고 수를 쓰시오.

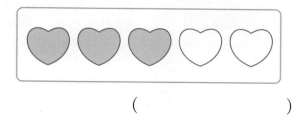

(   )

2 빈칸에 알맞은 수를 구하시오.

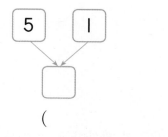

(   )

3 가장 긴 것은 어느 것입니까?····(   )

①

②

③

④

⑤

4 다음 중에서 모양이 <u>아닌</u> 것은 어느 것입니까?·············(   )

①    ②   ③

④   ⑤

5 꽃병에 꽂혀 있는 꽃의 수를 세어 ☐ 안에 알맞은 수를 쓰시오.

2   Ⅰ   ☐

(   )

6 빈칸에 알맞은 수를 차례대로 쓴 것은 어느 것입니까?·····················( )

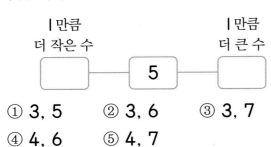

| I만큼 더 작은 수 | | I만큼 더 큰 수 |

① 3, 5　　② 3, 6　　③ 3, 7
④ 4, 6　　⑤ 4, 7

7 모양을 만드는 데 사용한 ⬜ 모양은 몇 개입니까?

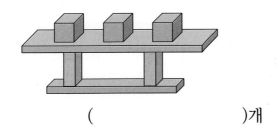

( )개

8 같은 길이의 고무줄로 물건을 매달았더니 그림과 같이 고무줄이 늘어났습니다. 가장 무거운 물건은 무엇인지 번호를 쓰시오.

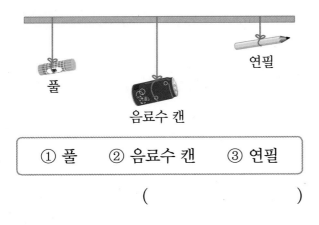

풀

음료수 캔

연필

① 풀　　② 음료수 캔　　③ 연필

( )

9 ⚫ 모양의 물건은 모두 몇 개입니까?

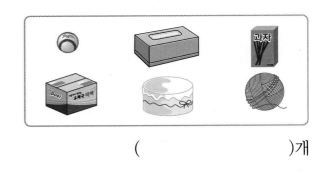

( )개

10 바르게 계산한 것은 어느 것입니까?
·····················( )

① 4+5=8　　② 7-7=0
③ I+4=6　　④ 6-2=3
⑤ 7+2=8

11 오른쪽 컵에 가득 담은 물을 모두 옮겨 담을 수 있는 컵은 어느 것입니까?·················(   )

① ② ③

④ ⑤

12 성현이의 설명에 알맞은 모양은 어느 것입니까?································ (   )

쌓을 수도 있고 굴릴 수도 있어요.

성현

①  ② ③

④ ⑤

13 ⬛, ⬤, ● 모양 중에서 가장 적게 사용한 모양은 몇 개 사용하였습니까?

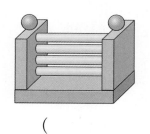

(   )개

14 다음 중 3보다 크고 7보다 작은 수는 모두 몇 개입니까?

| l, 0, 6, 2, 8, 5 |

(   )개

15 사과 6개를 두 사람이 똑같이 나누어 가지려고 합니다. 한 사람이 사과를 몇 개씩 가지면 됩니까?

(   )개

16 ㉠에 알맞은 수를 구하시오.

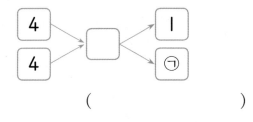

(   )

17 다음은 동요 '머리 어깨 무릎 발'의 악보입니다. 가사에서 '무릎'은 '머리'보다 몇 번 더 많이 나옵니까?

(   )번

18 5와 ㉠ 사이에 수가 2개 있습니다. ㉠이 될 수 있는 수는 무엇입니까?····(   )

① 2, 5   ② 3, 6   ③ 2, 8

④ 4, 7   ⑤ 4, 8

19 세 사람이 시소를 타고 있습니다. 가장 무거운 사람부터 차례대로 나타낸 것은 어느 것입니까?……………………………( )

희수   재형   희수   주은

① 희수, 재형, 주은
② 희수, 주은, 재형
③ 재형, 희수, 주은
④ 재형, 주은, 희수
⑤ 주은, 희수, 재형

20 같은 모양은 같은 수를 나타냅니다. ▲에 알맞은 수를 구하시오.

$$4+2=■, ■+▲=8$$

( )

21 송희와 친구들이 한 줄로 서 있습니다. 송희는 앞에서 셋째, 뒤에서 일곱째에 서 있습니다. 줄을 서 있는 어린이는 모두 몇 명입니까?

( )명

22 ▢, ▢, ● 모양 중에서 어느 방향으로도 잘 굴러가지 않는 모양을 가장 많이 사용한 것을 찾아 번호를 쓰시오.

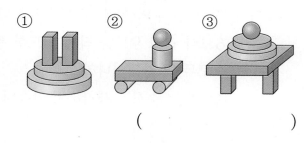

①   ②   ③

( )

23 한 줄에 있는 세 수를 모으기하여 8이 되도록 ◯ 안에 수를 써넣으려고 합니다. ㉠에 알맞은 수를 구하시오.

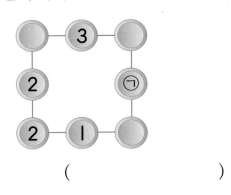

(   )

24 다음 5장의 수 카드 중에서 2장을 뽑아 카드에 적힌 두 수의 합을 구하려고 합니다. 합이 6보다 크고 9보다 작게 되도록 뽑는 방법은 모두 몇 가지입니까?

(단, 뽑는 순서는 생각하지 않습니다.)

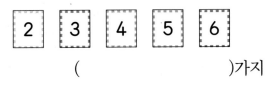

(   )가지

25 선주, 현아, 경민, 윤미, 성빈이는 계단에 서 있습니다. 맨 위에 서 있는 사람은 맨 아래에 서 있는 사람보다 몇 계단 위에 서 있습니까?

(단, 한 계단에는 한 명만 설 수 있습니다.)

- 윤미는 경민이보다 3계단 위에 있고, 현아보다 2계단 아래에 있습니다.
- 선주는 성빈이보다 5계단 아래에 있습니다.
- 성빈이는 다섯 사람 중에서 위에서 둘째로 서 있습니다.

(   )계단

실전 모의고사 **5회**

1 수를 순서대로 쓸 때 ㉠에 알맞은 수를 구하시오.

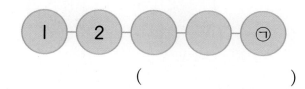

( )

2 ⬤ 모양의 물건은 어느 것입니까?

·····················( )

3 빈칸에 알맞은 수를 구하시오.

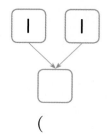

( )

4 수를 <u>잘못</u> 읽은 것은 어느 것입니까?

·····················( )

① 1 ⇨ 하나 ② 0 ⇨ 영

③ 4 ⇨ 사 ④ 5 ⇨ 다섯

⑤ 7 ⇨ 육

5 가장 짧은 것은 어느 것입니까?··( )

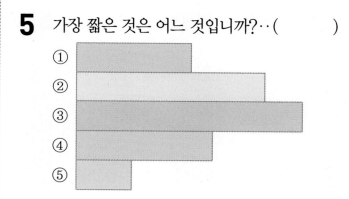

6 뺄셈을 하시오.

( )

7 아래에서 넷째에 있는 쌓기나무는 어느 것 입니까?⋯⋯⋯⋯⋯⋯⋯⋯ ( )

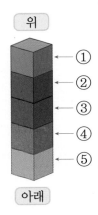

8 모양이 <u>다른</u> 하나에 적힌 수를 쓰시오.

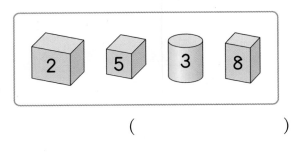

( )

9 모양을 만드는 데 사용한 모양은 몇 개 입니까?

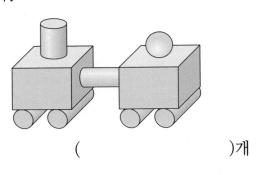

( )개

10 ㉠에 알맞은 수를 구하시오.

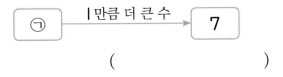

( )

11 승수의 설명에 알맞은 모양의 물건은 모두 몇 개입니까?

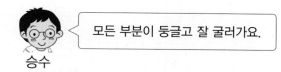

승수

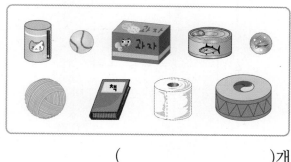

( )개

12 주차장에 차가 6대 주차되어 있었는데 2대가 더 들어왔습니다. 주차장에 있는 차는 모두 몇 대입니까?

( )대

13 넓은 것부터 순서대로 기호를 쓴 것은 어느 것입니까?··························· ( )

ㄱ  ㄴ  ㄷ

① ㄴ, ㄷ, ㄱ   ② ㄱ, ㄴ, ㄷ

③ ㄴ, ㄱ, ㄷ   ④ ㄱ, ㄷ, ㄴ

⑤ ㄷ, ㄱ, ㄴ

14 ☐ 안에 알맞은 수가 <u>다른</u> 하나는 어느 것입니까?··························· ( )

① $3-3=$ ☐   ② $5+$ ☐ $=5$

③ $2+2=$ ☐   ④ $7-$ ☐ $=7$

⑤ $9-9=$ ☐

15 다음에서 ◯에 들어갈 수 있는 모양은 모두 몇 개입니까? (단, 쌓기나무 1개의 무게는 모두 같습니다.)

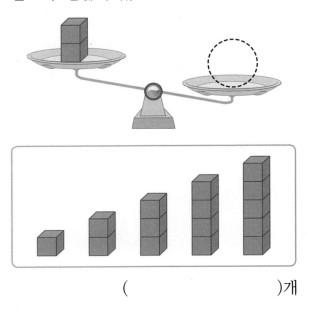

( )개

16 ㉠에 알맞은 수를 구하시오.

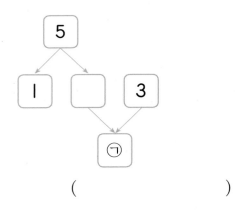

( )

17 화살표의 ▮규칙▮에 따라 ㉠에 알맞은 수를 구하시오.

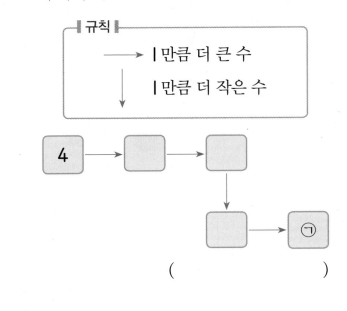

( )

18 수민이네 모둠 학생들이 한 줄로 서 있습니다. 수민이는 앞에서 셋째, 뒤에서 넷째에 서 있습니다. 수민이네 모둠 학생은 모두 몇 명입니까?

( )명

19 여러 가지 모양을 규칙적으로 늘어놓은 것입니다. ㉠에 알맞은 모양과 같은 모양의 물건은 어느 것입니까? ·········· (   )

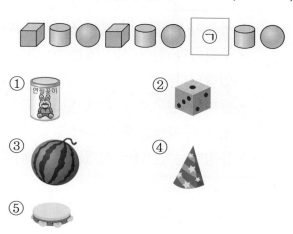

20 같은 모양은 같은 수를 나타냅니다. ■가 나타내는 수를 구하시오.

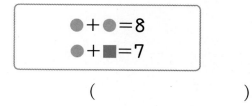

(   )

21 주희는 다음과 같은 모양을 만들려고 했더니 ⬛ 모양 1개가 부족했습니다. 주희가 가지고 있는 ⬛ 모양은 몇 개입니까?

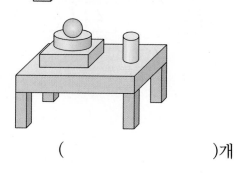

(   )개

22 민규, 서우, 재민, 윤하가 시소를 타고 있습니다. 가장 무거운 사람은 누구입니까?
···························· (   )

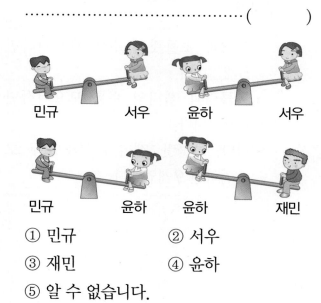

① 민규   ② 서우

③ 재민   ④ 윤하

⑤ 알 수 없습니다.

23 수 카드 7장 중에서 2장을 골라 두 수의 차가 3인 뺄셈식을 만들려고 합니다. 만들 수 있는 뺄셈식은 모두 몇 개입니까?

| 0 | 1 | 2 | 3 | 4 | 5 | 6 |

( )개

24 사탕, 초콜릿, 젤리가 있습니다. 다음을 읽고 사탕과 젤리의 수를 모으기하면 몇 개인지 구하시오.

- 사탕과 초콜릿의 수를 모으기하면 5개입니다.
- 초콜릿과 젤리의 수를 모으기하면 6개입니다.
- 사탕, 초콜릿, 젤리의 수를 모두 모으기하면 9개입니다.

( )개

25 여섯 명이 다음과 같이 한 줄로 서 있습니다. 정우 앞에는 모두 몇 명이 서 있는지 구하시오.

- 서윤이 뒤에는 한 명이 서 있습니다.
- 주원이와 선아 사이에는 한 명이 서 있습니다.
- 환희는 정우보다 앞에 있고, 환희와 정우 사이에는 2명이 서 있습니다.
- 유정이는 맨 뒤에 서 있지 않습니다.

( )명

최종 모의고사 **1회**

점수

1 당근의 수를 세어 보고 수를 쓰시오.

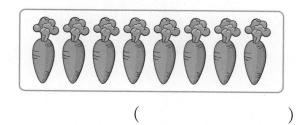

( )

2 모양의 물건은 어느 것입니까?
·················· ( )

① ② ③

④ ⑤

3 빈칸에 알맞은 수를 구하시오.

6

2

( )

4 가장 짧은 것은 어느 것인지 찾아 번호를 쓰시오.

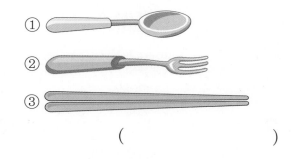

① ② ③

( )

5 오른쪽 모양과 같은 것은 어느 것입니까?·········· ( )

① ②

③ ④

⑤

6 ㉠에 알맞은 수를 구하시오.

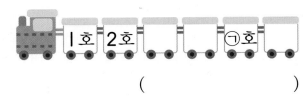

( )

7 다음 모양을 만드는 데 사용하지 않은 모양은 어느 것인지 찾아 번호를 쓰시오.

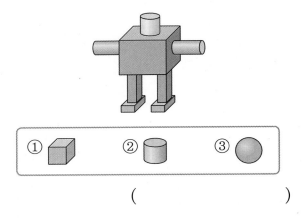

( )

8 담을 수 있는 양이 가장 많은 컵은 어느 것입니까? ············· ( )

9 모양을 보고 ⬤ 모양은 몇 개 사용하였는지 구하시오.

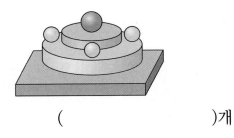

( )개

10 6과 관계없는 것은 어느 것입니까?
·································· ( )

① 육
② 여섯
③ 여섯째
④ 5보다 1만큼 더 큰 수
⑤ 8보다 1만큼 더 작은 수

11 ⬛, 🛢, ⚫ 모양 중에서 같은 모양의 물건끼리 모은 것의 번호를 쓰시오.

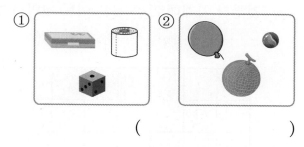

(   )

12 두 수를 모으기한 수가 가장 큰 사람이 모으기한 수를 쓰시오.

6, 3	4, 2	1, 7
병호	진형	미오

(   )

13 오른쪽과 같은 모양의 물건은 모두 몇 개입니까?

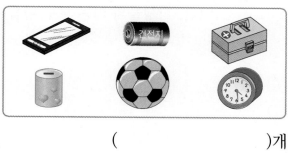

(   )개

14 윤호의 일기를 읽고 윤호가 먹은 만두는 몇 개인지 구하시오.

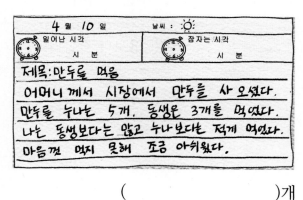

(   )개

15 8명의 학생들이 키를 재었습니다. 원호는 넷째로 키가 컸습니다. 원호보다 키가 작은 학생은 모두 몇 명입니까?

(단, 학생들의 키는 모두 다릅니다.)

(   )명

16 1부터 9까지의 수 중에서 ☐ 안에 들어갈 수 있는 가장 큰 수를 구하시오.

> ☐은/는 8보다 작습니다.

(   )

17 ㉠, ㉡, ㉢의 넓이를 나타낸 것입니다. 작은 한 칸의 크기가 모두 같을 때 가장 좁은 것부터 차례대로 쓴 것은 어느 것입니까?

.... (   )

① ㉠, ㉡, ㉢   ② ㉠, ㉢, ㉡
③ ㉡, ㉠, ㉢   ④ ㉡, ㉢, ㉠
⑤ ㉢, ㉡, ㉠

18 은미와 미주는 피자를 각각 2조각씩 먹고 승범이는 3조각을 먹었습니다. 세 사람이 먹은 피자는 모두 몇 조각입니까?

(   )조각

19 ▢, ▢, ○ 모양 중에서 다음 모양을 만드는 데 가장 많이 사용한 모양의 수보다 1만큼 더 작은 수를 구하시오.

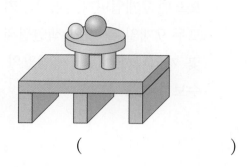

(   )

20 딱지 7장을 민주와 은지가 나누어 가지려고 합니다. 나누어 가질 수 있는 방법은 모두 몇 가지입니까? (단, 민주와 은지는 딱지를 한 장씩은 가집니다.)

(   )가지

21 ▌조건 ▌에 알맞은 수는 모두 몇 개입니까?

> ▌조건 ▌
> • 2와 9 사이의 수입니다.
> • 5보다 큰 수입니다.

(   )개

22 4장의 수 카드 중에서 2장을 뽑아 수 카드에 적힌 두 수를 더할 때 나올 수 있는 서로 다른 수는 모두 몇 개입니까?

(   )개

23 가, 나, 다 그릇 3개가 있습니다. 담을 수 있는 물의 양이 가장 많은 그릇은 어느 것인지 번호를 쓰시오.

> • 가 그릇에 물을 가득 채워서 나 그릇에 부었더니 물이 넘쳐 흘렀습니다.
> • 다 그릇에 물을 가득 채워서 가 그릇에 부었더니 물이 넘쳐 흘렀습니다.

① 가 그릇　② 나 그릇　③ 다 그릇
(　　　　　　)

24 그림에서 오른쪽으로 한 칸 갈 때마다 1씩 작아지고, 아래쪽으로 한 칸 갈 때마다 2씩 커집니다. ㉠에 알맞은 수를 구하시오.

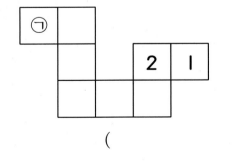

(　　　　　　)

25 책상 위에 자, 풀, 가위, 색연필이 적어도 한 개씩은 놓여 있습니다. 자와 풀의 수를 모으면 5개이고, 풀, 가위, 색연필의 수를 모으면 7개입니다. 자, 풀, 가위, 색연필이 모두 9개일 때 자와 색연필의 수를 모으면 몇 개입니까? (단, 색연필의 수는 가위의 수보다 많습니다.)

(　　　　　　)개

최종 모의고사 2회

1 다음은 어떤 모양인지 찾아 번호를 쓰시오.

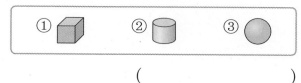

( )

2 그림을 보고 빈칸에 알맞은 말은 무엇인지 번호를 쓰시오.

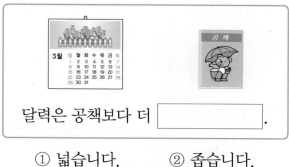

달력은 공책보다 더 ☐ .

① 넓습니다. ② 좁습니다.

( )

3 다음은 중국의 국기입니다. 국기에서 별은 모두 몇 개입니까?

( )개

4 다음 중 잘못 짝 지어진 것은 어느 것입니까? ·······( )

① 3─삼 ② 5─다섯
③ 8─아홉 ④ 7─칠
⑤ 6─육

5 모양이 다른 하나는 무엇입니까? ( )

① ②

③ ④

⑤

6 토끼와 거북의 수를 비교하여 □ 안에 알맞은 수를 구하시오.

2는 □보다 작습니다.

( )

7 다음은 어떤 모양을 사용하여 만든 것인지 찾아 번호를 쓰시오.

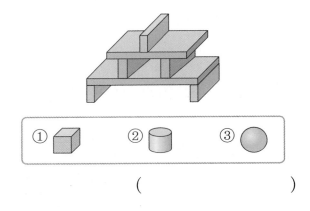

① ▢   ② ▥   ③ ●

( )

8 왼쪽에서 일곱째는 어느 것입니까?
·· ( )

일곱째 ◇◇◇◇◇◇◇◇◇
　　　　① 　　② 　③④　 ⑤

9 다음은 어떤 수를 두 수로 가르기한 것인지 쓰시오.

| 3, 4 | 6, 1 | 2, 5 |

( )

10 가위보다 더 긴 것을 모두 찾은 것은 어느 것입니까?·························· ( )

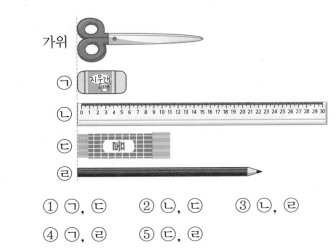

① ㉠, ㉢　　② ㉡, ㉢　　③ ㉡, ㉣
④ ㉠, ㉣　　⑤ ㉢, ㉣

11 모으기하여 6이 되는 두 수끼리 짝 지은 것은 어느 것입니까?··················(   )

① 5, 3   ② 5, 2   ③ 3, 4

④ 4, 2   ⑤ 5, 4

13 왼쪽의 수보다 1만큼 더 큰 수만큼 그림을 묶었을 때, 묶지 <u>않은</u> 그림을 세어 수를 쓰시오.

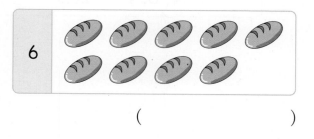

(   )

12 다음을 만드는 데 ⬛, 🔲, ⚫ 모양을 모두 사용한 것은 어느 것인지 번호를 쓰시오.

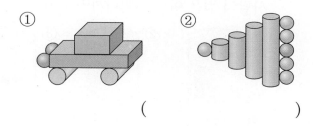

①   ②

(   )

14 ⬛, 🔲, ⚫ 모양 중에서 가장 많은 모양은 몇 개입니까?

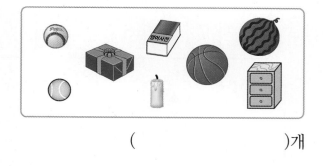

(   )개

최종 모의 고사

15 왼쪽에서 다섯째에 있는 수와 오른쪽에서 넷째에 있는 수 중에서 더 큰 수를 쓰시오.

> 4, 0, I, 5, 2, 3

( )

16 주어진 수를 큰 수부터 차례대로 □ 안에 써넣을 때 ▲에 알맞은 수를 구하시오.

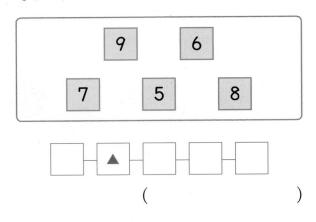

( )

17 ㉠에 알맞은 수를 구하시오.

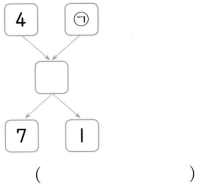

( )

18 크기가 같은 컵에 물을 가득 따른 후 각자 마시고 남은 것입니다. 물을 가장 많이 마신 사람의 컵은 어느 것입니까?……( )

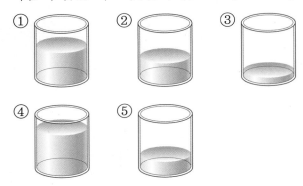

19 은진이는 종이학을 어제는 2개 접었고 오늘은 1개 접었습니다. 종이학이 6개가 되려면 앞으로 몇 개를 더 접어야 합니까?

(   )개

20 우진이는 사탕 5개를 오늘과 내일 이틀 동안 모두 먹으려고 합니다. 사탕을 하루에 한 개씩은 먹는다고 할 때, 오늘보다 내일 하나 더 많이 먹으려면 오늘 사탕을 몇 개 먹어야 합니까?

(   )개

21 재형이는 1과 5 사이의 수가 적혀 있는 수 카드를, 종욱이는 2와 7 사이의 수가 적혀 있는 수 카드를 가지고 있습니다. 재형이와 종욱이가 둘 다 가지고 있는 수 카드에 적혀 있는 수의 합을 구하시오.

(   )

22 버스 정류장에 사람들이 한 줄로 서 있습니다. 의정이는 앞에서 셋째에 서 있고 진수는 앞에서 여덟째에 서 있습니다. 영호는 진수 바로 뒤에 서 있다면 의정이와 영호 사이에는 몇 명이 서 있습니까?

(   )명

23 다음 조건에 알맞은 모양을 찾아 번호를 쓰시오.

> ⬤ 모양은 ⚫ 모양보다 1개 더 많습니다.

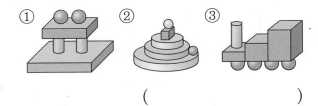

(   )

24 다음을 읽고 참외 1개의 무게는 귤 몇 개의 무게와 같은지 구하시오. (단, 같은 과일은 무게가 같습니다.)

> • 참외 1개의 무게는 감 3개의 무게와 같습니다.
> • 귤 4개의 무게는 감 2개의 무게와 같습니다.

(   )개

25 이웃한 세 수를 모아서 9가 되도록 가부터 바까지 수를 하나씩 써넣으려고 합니다. 예를 들어 가, 나, 다를 모아도 9이고, 나, 다, 라를 모아도 9입니다. 가보다 나가 더 크고, 나보다 다가 더 크다면 바는 얼마입니까?

가 — 나 — 다 — 라 — 마 — 4 — 바

(   )

최종 모의고사 **3회**

점수

1 다람쥐의 수를 세어 보고 수를 쓰시오.

( )

2 어떤 모양을 모은 것인지 알맞은 모양을 찾아 번호를 쓰시오.

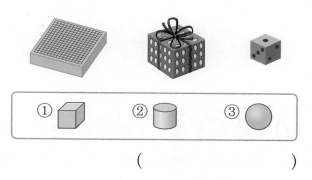

( )

3 ⬤ 모양이 <u>아닌</u> 것은 어느 것입니까?

.... ( )

4 그림과 관계있는 것은 어느 것입니까?

.... ( )

(앞) ⬳ ⬳ ⬳ ⬳ ⬳ (뒤)

① 둘   ② 넷   ③ 첫째
④ 둘째   ⑤ 셋째

5 8을 두 수로 가르기하려고 합니다. 빈칸에 알맞은 수를 구하시오.

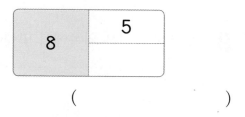

( )

6 가장 긴 것은 어느 것입니까?····(　　　)

① 〰〰〰〰〰〰
② ─────
③ ∿∿∿
④ ⌒
⑤ ∿∿

7 가장 적은 동물은 몇 마리입니까?

(　　　　　)마리

8 빨간색 풍선은 왼쪽에서 몇째에 있습니까?
·····················(　　　)

① 다섯째　　② 여섯째　　③ 일곱째
④ 여덟째　　⑤ 아홉째

9 색칠한 부분이 가장 넓은 것은 어느 것입니까?······························(　　　)

① 　② 　③

④ 　⑤

10 ▢, ▢, ◯ 모양의 일부분을 나타낸 것입니다. 모양이 <u>다른</u> 하나는 어느 것입니까?·····························(　　　)

① 　② 　③

④ 　⑤

11 모으기하여 9가 되는 두 수는 어느 것입니까? ······················· (   )

① 2, 4   ② 3, 4   ③ 4, 1
④ 2, 7   ⑤ 3, 5

13 계산 결과가 5인 것은 어느 것입니까?
······························· (   )

① 3+3   ② 8−2   ③ 5−1
④ 6+0   ⑤ 7−2

14 기타와 첼로는 줄을 울려 소리를 내는 악기로 현악기라고 합니다. 기타의 줄은 6줄이고, 첼로의 줄은 4줄입니다. 기타의 줄은 첼로보다 몇 줄 더 많습니까?

기타   첼로

(   )줄

12 벌집에 벌이 7마리 있습니다. 한 마리가 더 날아와 벌집으로 들어갔습니다. 벌집에는 벌이 모두 몇 마리 있습니까?

(   )마리

15 다음 그림에서 사용한 모양의 수가 <u>다른</u> 모양을 찾아 번호를 쓰시오.

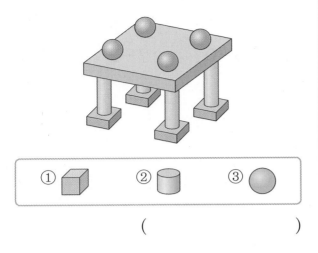

① ⬜ ② ⬤ ③ ⚫

(   )

16 ▮보기▮와 같은 규칙에 따라 ㉠에 알맞은 수를 구하시오.

▮보기▮
⟶ |만큼 더 큰 수
↓ |만큼 더 작은 수

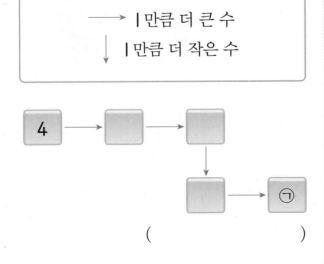

(   )

17 ①과 ② 중에서 ⬤ 모양을 더 적게 사용한 것의 번호를 쓰시오.

①   ②

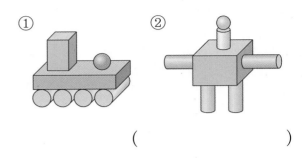

(   )

18 냉장고, 리모컨, 선풍기의 무게를 <u>잘못</u> 비교한 사람을 찾아 번호를 쓰시오.

냉장고   리모컨   선풍기

• 연수: 리모컨이 가장 가벼워.
• 승민: 선풍기는 리모컨보다는 더 무겁고, 냉장고보다는 더 가벼워.
• 주혜: 냉장고는 선풍기보다 더 가벼워.

① 연수   ② 승민   ③ 주혜

(   )

19 0보다 크고 9보다 작은 수 중에서 똑같은 두 수로 가르기할 수 있는 수는 모두 몇 개입니까?

( )개

20 크기가 서로 다른 그릇 가, 나, 다가 있습니다. 나 그릇에 물을 가득 채워서 가 그릇에 부으면 물이 가득 차지 않고, 다 그릇에 부으면 물이 넘쳤습니다. 담을 수 있는 양이 가장 많은 그릇은 어느 것인지 번호를 쓰시오.

| ① 가 그릇 ② 나 그릇 ③ 다 그릇 |

( )

21 서로 다른 수가 쓰여 있는 6장의 수 카드가 있습니다. 수 카드를 2장씩 모두 짝 지어 카드에 쓰여 있는 두 수를 모으기하면 9가 됩니다. ㉠과 ㉡에 알맞은 수 중에서 더 큰 수를 구하시오.

| 8 | 3 | 5 | 1 | ㉠ | ㉡ |

( )

22 정우네 모둠 어린이들이 한 줄로 앉아 있습니다. 정우는 앞에서 일곱째, 뒤에서 둘째에 앉아 있습니다. 정우네 모둠에서 주현이가 앞에서 셋째에 앉아 있다면 주현이 뒤에 앉아 있는 어린이는 몇 명입니까?

( )명

23 아름이는 다음과 같은 모양을 **2**개 만들려고 했더니 모양 **1**개, ⬤ 모양 **2**개가 부족했습니다. 아름이가 가지고 있는 ⬤ 모양은 ⬜ 모양보다 몇 개 더 많습니까?

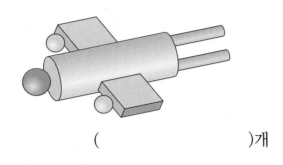

(   )개

24 ㉮ 상자에 빨간색 공 **2**개와 노란색 공 **2**개가 들어 있고, ㉯ 상자에 빨간색 공 **4**개와 노란색 공 **4**개가 들어 있습니다. ㉯ 상자에서 공을 몇 개 꺼내어 ㉮ 상자에 넣었더니 ㉯ 상자에 공이 **5**개 남았습니다. 지금 ㉮ 상자에 들어 있는 공은 모두 몇 개입니까?

(   )개

25 승아와 호민이는 가위바위보를 하여 계단을 오르내리는 놀이를 하고 있습니다. 승아는 아래에서 여섯째 계단에, 호민이는 아래에서 둘째 계단에서 가위바위보를 시작하여 이기면 **3**칸 올라가고, 지면 **2**칸 내려가기로 하였습니다. 다음과 같이 가위바위보를 **1**번 하고 움직였다면 호민이는 승아보다 몇 칸 위에 있게 됩니까?

(   )칸

최종 모의고사 **4회**

점수

1 선풍기는 모두 몇 대입니까?

( )대

2 8을 나타내는 것이 <u>아닌</u> 것은 어느 것입니까?·····( )

① 팔

② 여덟

③ 7보다 1만큼 더 큰 수

④ 9보다 1만큼 더 작은 수

⑤ 아홉

3 4를 두 수로 가르기한 것입니다. 빈칸에 알맞은 수는 무엇입니까?

4	1	2	3
	3		1

( )

4 길이를 비교하였을 때 가장 짧은 것을 찾아 번호를 쓰시오.

( )

5 다음 중 <u>잘못</u> 설명한 것은 어느 것입니까?
·····( )

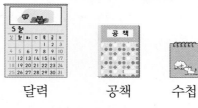

달력   공책   수첩

① 달력은 공책보다 더 넓습니다.

② 수첩은 공책보다 더 좁습니다.

③ 수첩이 가장 좁습니다.

④ 수첩은 달력보다 더 넓습니다.

⑤ 달력이 가장 넓습니다.

최종
모의
고사

6 물건을 모양이 같은 것끼리 모아 놓은 것은 어느 것입니까? ·················· (   )

① ② ③ ④ ⑤

7 모양의 일부분이 오른쪽과 같은 물건은 모두 몇 개입니까?

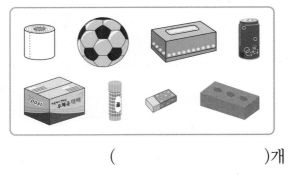

(   )개

8 성진이는 50원짜리 동전을 왼손에 3개, 10원짜리 동전을 오른손에 6개 가지고 있습니다. 성진이가 양손에 가지고 있는 동전의 수를 모으면 몇 개입니까?

(   )개

9 ㉠에 알맞은 수를 구하시오.

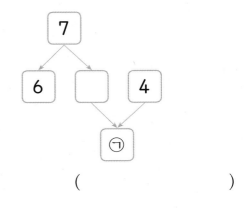

(   )

10 왼쪽부터 큰 수를 차례대로 썼을 때 왼쪽에서 셋째에 놓이는 수는 무엇입니까?

5, 2, 0, 7, 1, 8, 6

(   )

11 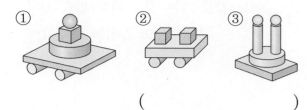 모양을 가장 많이 사용하여 만든 것을 찾아 번호를 쓰시오.

① ② ③

( )

12 0부터 9까지의 수 중에서 □ 안에 공통으로 들어갈 수 있는 수를 쓰시오.

- □은/는 5보다 큽니다.
- □은/는 7보다 작습니다.

( )

13 6보다 작은 수를 모두 찾아 이 수를 모두 모으기하면 얼마입니까?

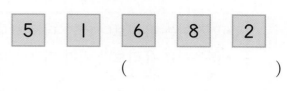

5 1 6 8 2

( )

14 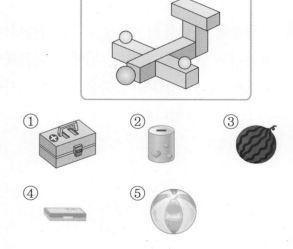 모양 중 아래 모양을 만드는 데 사용하지 <u>않은</u> 모양과 같은 모양의 물건은 어느 것입니까?··········( )

① ② ③

④ ⑤

15 다음을 읽고 민정, 유리, 정은 중 키가 가장 큰 사람은 누구인지 번호를 쓰시오.

> • 민정이는 유리보다 키가 더 작습니다.
> • 정은이는 유리보다 키가 더 작습니다.

① 민정   ② 유리   ③ 정은

(   )

16 정류장에 사람들이 한 줄로 서 있습니다. 서현이는 앞에서 셋째에, 뒤에서 일곱째에 서 있습니다. 정류장에 줄을 서 있는 사람은 모두 몇 명입니까?

(   )명

17 터미널에서 기차역까지 가는 길은 그림과 같이 2가지가 있습니다. ①과 ② 중에서 어느 길로 가는 것이 더 가깝습니까?

(단, △의 길이는 모두 같습니다.)

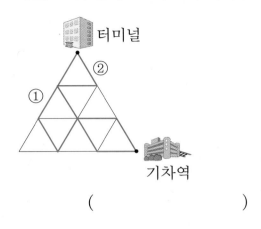

(   )

18 성민이는 주리보다 더 무겁고, 석호는 수지보다 더 가볍습니다. 시소에 앉은 그림을 보고 수지, 성민, 주리, 석호 중에서 세 번째로 무거운 사람은 누구인지 고르시오.

·· (   )

① 수지   ② 성민   ③ 주리
④ 석호   ⑤ 알 수 없습니다.

19 세 사람은 서로 다른 물건을 가지고 있습니다. 대화를 읽고 호영이가 가진 물건은 무엇인지 찾아 번호를 쓰시오.

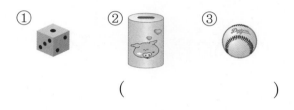

- 성은: 나는 ⬛, 🥫 모양 중 한 개를 가졌어.
- 호영: 나는 ⚪, ⬛ 모양 중 무엇을 가졌을까?
- 영준: 🥫 모양은 내가 가졌어!

① 🎲   ② 🥫   ③ ⚾

(   )

20 물 오르간은 유리잔에 담긴 물의 양이 적을수록 높은 소리를 냅니다. 두 번째로 높은 소리를 내는 유리잔은 어느 것입니까?

①   ②   ③   ④   ⑤

(   )

21 다음은 소담이와 진솔이가 각각 가지고 있는 물건입니다. 두 사람이 모두 가지고 있는 모양에 쓰여진 수는 무엇입니까?

(   )

22 어떤 수에 2를 더해야 할 것을 잘못하여 2를 빼었더니 4가 되었습니다. 바르게 계산하면 얼마입니까?

(   )

23 다음을 만족하는 세 수 ㉠, ㉡, ㉢ 중 가장 큰 수와 가장 작은 수를 모으기하면 얼마입니까?

> • ㉠은 3을 두 개 모으기한 수입니다.
> • ㉡은 8을 똑같은 두 수로 가르기한 수 중 하나입니다.
> • ㉢과 2를 모으기하면 5가 됩니다.

(   )

25 ㉠, ㉡, ㉢, ㉣은 2, 3, 4, 6 중 서로 다른 하나의 수를 나타냅니다. ㉠과 ㉣에 알맞은 수의 합은 얼마입니까?

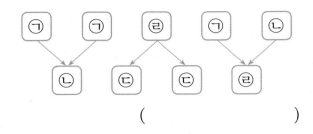

(   )

24 수 카드 7장 중에서 2장을 뽑아 두 수의 차가 2인 뺄셈식을 만들려고 합니다. 만들 수 있는 뺄셈식은 모두 몇 개입니까?

| 2 | 3 | 4 | 5 | 6 | 7 | 8 |

(   )개

최종 모의고사 5회

점수

1 복숭아의 수를 바르게 나타낸 것은 어느 것 입니까?·······························(   )

① 5   ② 6
③ 7   ④ 8
⑤ 9

2 ⬤ 모양인 물건은 어느 것입니까?
·······························(   )

①   ②   ③

④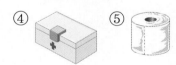

3 민수의 나이는 9살입니다. 민수의 나이만 큼 케이크에 초를 꽂으면 남는 초는 몇 개 입니까?

(   )개

4 순서를 거꾸로 하여 수를 쓸 때 ㉠에 알맞 은 수를 구하시오.

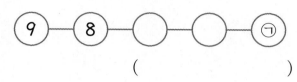

(   )

5 가장 긴 막대는 어느 것입니까? (   )

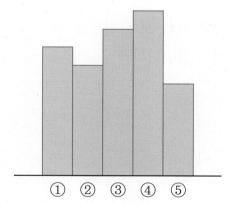

6 ▨의 수가 다른 하나는 어느 것입니까?
··· (   )

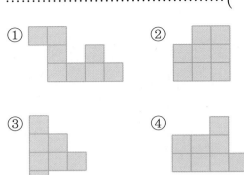

7 선을 따라 모두 잘랐을 때 가장 좁은 것은 어느 것입니까?··················· (   )

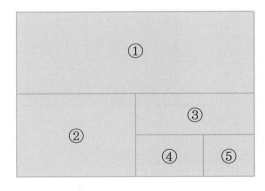

8 주어진 5개의 수 중에서 선호는 가장 큰 수를 뽑았고, 희수는 가장 작은 수를 뽑았습니다. 선호와 희수가 뽑은 두 수를 모으기하면 얼마입니까?

| 2 | 6 | 0 | 9 | 4 |

(   )

9 다음 모양을 만드는 데 사용한 ▨ 모양은 모두 몇 개입니까?

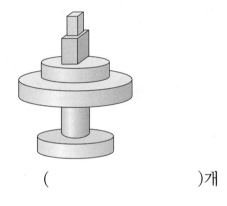

(   )개

10 두 수를 모으기했을 때 7이 아닌 것은 어느 것입니까?······················· (   )

① 2, 5   ② 3, 4
③ 6, 1   ④ 5, 3
⑤ 4, 3

11 8명의 학생이 달리기를 하고 있습니다. 지수는 앞에서 다섯째로 달리고 있습니다. 지수의 앞에는 몇 명이 달리고 있습니까?

(　　　　　　　)명

12 빈칸에 공통으로 들어갈 수를 구하시오.

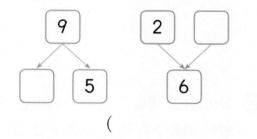

(　　　　　　　)

13 굵기가 일정한 통나무에 길이가 다른 4개의 철사를 다음과 같이 감았습니다. 가장 긴 철사는 어느 것입니까?………(　　　)

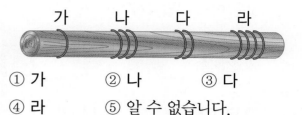

① 가　　　　② 나　　　　③ 다
④ 라　　　　⑤ 알 수 없습니다.

14 여러 가지 모양을 규칙적으로 늘어놓은 것입니다. ㉠에 알맞은 모양과 같은 모양의 물건은 어느 것입니까?…………(　　　)

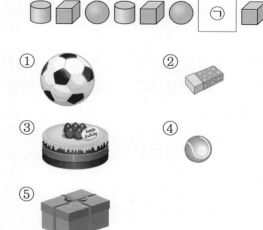

① 　　　　　　　　　②
③ 　　　　　　　　　④
⑤

15 저울에 올려놓는 일정한 무게의 쇠를 추라고 합니다. 같은 기호는 같은 무게를 나타낼 때 무거운 것부터 차례대로 기호를 쓴 것은 어느 것입니까?⋯⋯⋯⋯( )

① 다, 가, 나   ② 나, 가, 다
③ 나, 다, 가   ④ 가, 나, 다
⑤ 가, 다, 나

16 9보다 1만큼 더 작은 수는 ㉠보다 1만큼 더 큰 수와 같습니다. ㉠에 알맞은 수를 구하시오.

( )

17 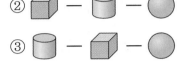 모양 9개를 사용하여 다음과 같은 모양을 만들었습니다. 많이 사용한 모양부터 차례대로 늘어놓은 것은 어느 것입니까?⋯⋯⋯⋯⋯⋯( )

① ▨ — ● — ◖
② ▨ — ◖ — ●
③ ◖ — ▨ — ●
④ ● — ◖ — ▨
⑤ ● — ▨ — ◖

18 물이 담긴 병을 막대로 두드리면 물의 담긴 양이 적을수록 높은 소리가 납니다. 막대로 병을 두드렸을 때 가장 높은 소리가 나는 병을 찾아 번호를 쓰시오.

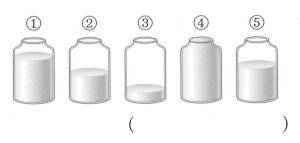

( )

19 팽이를 형은 2개, 동생은 6개 가지고 있습니다. 형과 동생의 팽이 수가 같아지려면 동생은 형에게 팽이를 몇 개 주어야 합니까?

(   )개

21 은아, 채선, 지수는 같은 아파트에 살고 있습니다. 다음을 읽고 지수가 살고 있는 층은 몇 층인지 구하시오.

> • 은아는 5층에 살고 있습니다.
> • 은아는 채선이보다 3층 더 낮은 곳에 살고 있습니다.
> • 채선이는 지수보다 한 층 더 높은 곳에 살고 있습니다.

(   )층

20 민지는 🧊 모양 3개, 🛢 모양 3개, ⚪ 모양 5개를 가지고 있습니다. 민지가 다음 모양을 만들기 위해 🧊 모양은 몇 개 더 필요합니까?

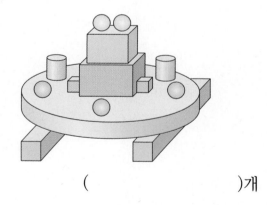

(   )개

22 다음과 같은 모양을 만들었더니 🧊 모양은 4개, 🛢 모양은 4개, ⚪ 모양은 1개가 남았습니다. 만들기 전에 있던 모양 중에서 가장 많은 모양은 가장 적은 모양보다 몇 개 더 많습니까?

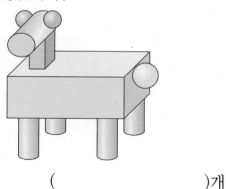

(   )개

23 다음을 보고 ㉠과 ㉡의 차를 구하시오.
(단, 같은 모양은 같은 수를 나타냅니다.)

> • 5보다 1만큼 더 큰 수는 ●입니다.
> • ▲보다 3만큼 더 작은 수는 0입니다.

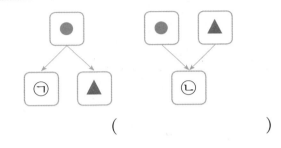

(   )

24 번갈아 가며 나오는 규칙에 따라 수를 늘어 놓았습니다. □ 안에 알맞은 수는 얼마입니까?

0	4	1	5	2	6	3	7	4	□

(   )

25 다음 규칙에 맞게 0부터 6까지의 수를 한 번씩만 써서 늘어놓으려고 합니다. ㉠에 알맞은 수를 구하시오.

> **규칙**
> 바로 뒤에 놓이는 수는 바로 앞에 놓이는 수보다 3만큼 더 큰 수이거나 4만큼 더 작은 수입니다.

앞 | 1 | | | | | | ㉠ | 뒤

(   )

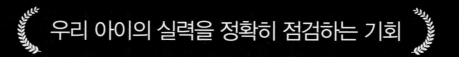

우리 아이의 실력을 정확히 점검하는 기회

40년의 역사
전국 초·중학생 213만 명의 선택

HME 학력평가
해법수학·해법국어

응시 학년
수학 | 초등 1학년 ~ 중학 3학년
국어 | 초등 1학년 ~ 초등 6학년

응시 횟수
수학 | 연 2회 (6월 / 11월)
국어 | 연 1회 (11월)

주최 **천재교육** | 주관 **한국학력평가 인증연구소** | 후원 **서울교육대학교**

*응시 날짜는 변동될 수 있으며, 더 자세한 내용은 HME 홈페이지에서 확인 바랍니다.

HME 수 ★ 학

상반기 대비

학력평가

천재교육

HME 수학 학력평가

상반기 대비

정답 및 풀이

초등
1

천재교육

정답 및 풀이
포인트 ❸가지

▶ 혼자서도 이해할 수 있는 친절한 문제 풀이

▶ 문제 해결에 필요한 핵심 내용 또는
   틀리기 쉬운 내용을 담은 참고 BOX

▶ 다른 풀이를 제시하여 다양한 방법으로 문제 풀이 가능

정답 및 풀이

5~11쪽

유형 1	6	**1** 4에 ○표	**2** ㉡
유형 2	③	**3** ㉠, ㉣	**4** ④
유형 3	8	**5** 5	**6** ㉢
유형 4	⑤	**7** ⑤	**8** ②
유형 5	l	**9** 0	**10** 2
유형 6	6, 8	**11** 3, 5	**12** 9
유형 7	4에 ○표		
13 셋		**14** l	
유형 8	5	**15** 2	**16** 3
유형 9	5	**17** 7	**18** 4
유형 10	자두	**19** 선영	**20** 2
유형 11	(○)	**21** ( )	**22** 야구공
	( )		(○)
유형 12	6	**23** 5	**24** 6, 7
유형 13	도영	**25** 3	**26** 지유
유형 14	다섯	**27** 셋	**28** 5

유형 1 수를 세면 하나, 둘, 셋, 넷, 다섯, 여섯이므로 6입니다.

> **참고**
> 하나씩 짚어 가며 하나, 둘, 셋, ...으로 세어 봅니다.

1 호랑이의 다리의 수를 세어 보면 하나, 둘, 셋, 넷이므로 4입니다.

> **참고**
>
> | 수 | l | 2 | 3 | 4 | 5 |
> |---|---|---|---|---|---|
> | | 하나 | 둘 | 셋 | 넷 | 다섯 |
> | 순서 | 첫째 | 둘째 | 셋째 | 넷째 | 다섯째 |
>
> └ 하나에 째를 붙여 하나째라고 쓰지 않습니다.

유형 2 ③ 일곱 ⇨ 7, 여덟 ⇨ 8

3 ㉡ 8은 팔 또는 여덟이라고 읽습니다.
㉢ 5는 오 또는 다섯이라고 읽습니다.

4 7은 칠 또는 일곱이라고 읽습니다.

유형 3 하나씩 짝 지어 보면 사과가 하나 남으므로 사과가 더 많습니다.
⇨ 사과의 수를 세어 쓰면 8입니다.

> **참고**
> 하나씩 짝 지었을 때 남는 쪽이 많고, 모자라는 쪽이 적습니다.

5 하나씩 짝 지어 보면 우유가 하나 모자라므로 우유가 더 적습니다.
⇨ 우유의 수를 세어 쓰면 5입니다.

6 ㉠ 6칸 ㉡ 5칸 ㉢ 7칸
⇨ 6, 5, 7 중에서 가장 큰 수는 7입니다.

유형 4 ⑤ 9보다 l만큼 더 작은 수는 8입니다.

> **참고**
> ●보다 l만큼 더 큰 수 ⇨ ● 바로 뒤의 수
> ●보다 l만큼 더 작은 수 ⇨ ● 바로 앞의 수

7 ⑤ 풍선의 수를 세어 보면 다섯이므로 5입니다.

8 ①, ③, ④, ⑤는 9를 나타냅니다.
② 8보다 l만큼 더 작은 수는 7입니다.

유형 5

묶은 그림의 수	묶지 않은 그림의 수
9	1

⇨ 묶지 않은 그림은 1개입니다.

9

묶은 그림의 수	묶지 않은 그림의 수
8	0

⇨ 묶지 않은 그림은 없으므로 0개입니다.

> **참고**
>
> 아무것도 없는 것을 0이라 쓰고 영이라고 읽습니다.

10

⇨ 민정이의 나이가 6살이므로 초를 6개 묶고 남는 초의 수를 세어 보면 둘이므로 2개입니다.

유형 6

• 7보다 1만큼 더 작은 수는 7 바로 앞의 수인 6입니다.

• 7보다 1만큼 더 큰 수는 7 바로 뒤의 수인 8입니다.

> **참고**
>
> 어떤 수보다 1만큼 더 작은 수는 어떤 수 바로 앞의 수이고, 1만큼 더 큰 수는 어떤 수 바로 뒤의 수입니다.

11 • 4보다 1만큼 더 작은 수는 4 바로 앞의 수인 3입니다.

• 4보다 1만큼 더 큰 수는 4 바로 뒤의 수인 5입니다.

12 8보다 1만큼 더 큰 수는 9이므로 초콜릿은 9개입니다.

유형 7

3	6	7	2	④	1	5	9
첫째	둘째	셋째	넷째	다섯째	여섯째	일곱째	여덟째

13

6	2	1	7	4	3
			셋째	둘째	첫째

⇨ 7은 오른쪽에서 셋째에 있습니다.

14

왼쪽 | 6 8 7 1 4 3 2 5 | 오른쪽

첫째 둘째 셋째 넷째

⇨ 왼쪽에서 넷째에 꽂혀 있는 책은 1번입니다.

유형 8 7보다 1만큼 더 작은 수는 6, 6보다 1만큼 더 작은 수는 5이므로 ㉠에 알맞은 수는 5입니다.

⇨ 8-7-6-5-4-3
　　　　　㉠

15 5보다 1만큼 더 작은 수는 4, 4보다 1만큼 더 작은 수는 3, 3보다 1만큼 더 작은 수는 2이므로 ㉠에 알맞은 수는 2입니다.

⇨ 6-5-4-3-2-1
　　　　　　㉠

16

9	8	7	6	5	4	3	2	1

선경

⇨ 선경이의 신발장은 3번입니다.

유형 9 감자는 호박보다 많고 오이보다 적으므로 4개보다 많고 6개보다 적습니다.

⇨ 4보다 크고 6보다 작은 수는 5이므로 감자는 5개 있습니다.

17 도현이는 서윤이보다 많이 땄고 준서보다 적게 땄으므로 6장보다 많고 8장보다 적습니다.

⇨ 6보다 크고 8보다 작은 수는 7이므로 도현이가 딴 딱지는 7장입니다.

18 민성이는 붙임 딱지를 5개 모았습니다. 성호는 주하보다 많고 민성이보다 적게 모았으므로 3개보다 많고 5개보다 적습니다.

⇨ 3보다 크고 5보다 작은 수는 4이므로 성호가 모은 붙임 딱지는 4개입니다.

유형 10 주어진 수를 큰 수부터 차례대로 쓰면 9, 7, 5입니다.

⇨ 접시 위에 가장 많이 있는 과일은 자두입니다.

19 주어진 수를 작은 수부터 차례대로 쓰면 4, 6, 7입니다.

⇨ 종이학을 가장 적게 접은 사람은 선영입니다.

20 가장 작은 수가 적힌 카드를 뽑아야 다른 사람이 남은 3장 중 어떤 카드를 뽑더라도 항상 이기게 되므로 가장 작은 수인 2가 적힌 카드를 뽑아야 합니다.

유형 11 • 8보다 1만큼 더 작은 수는 7입니다.
• 5보다 1만큼 더 큰 수는 6입니다.

⇨ 7과 6 중에서 더 큰 수는 7입니다.

21 • 8보다 1만큼 더 큰 수는 9입니다.
• 9보다 1만큼 더 작은 수는 8입니다.

⇨ 9와 8 중에서 더 작은 수는 8입니다.

22 야구공: 7보다 1만큼 더 작은 수는 6입니다.
탁구공: 4보다 1만큼 더 큰 수는 5입니다.

⇨ 나래는 야구공을 더 많이 가지고 있습니다.

유형 12 □ 안에 들어갈 수 있는 수는 7보다 작은 수이므로 1, 2, 3, 4, 5, 6입니다. 이 중에서 가장 큰 수는 6입니다.

23 □ 안에 들어갈 수 있는 수는 4보다 큰 수이므로 5, 6, 7, …입니다. 이 중에서 가장 작은 수는 5입니다.

24 • 5는 □보다 작으므로 □ 안에 들어갈 수 있는 수는 6, 7, 8, …입니다.
• □은/는 8보다 작으므로 □ 안에 들어갈 수 있는 수는 7, 6, 5, 4, 3, 2, 1, 0입니다.

⇨ □ 안에 공통으로 들어갈 수 있는 수는 6, 7입니다.

유형 13 왼쪽에서 셋째로 쓴 수를 알아보면

도영: 0 4 ⑧ 9
　　 첫째 둘째 셋째 넷째

윤아: 5 9 ⑥ 8
　　 첫째 둘째 셋째 넷째

도영이는 8, 윤아는 6입니다.

⇨ 8이 6보다 크므로 도영이가 쓴 수가 더 큽니다.

25 왼쪽에서 넷째에 있는 수는 2이고, 오른쪽에서 둘째에 있는 수는 3입니다.

⇨ 2와 3 중에서 더 큰 수는 3입니다.

26

2	4	9	1	6	7
첫째	둘째	셋째	넷째	다섯째	여섯째

태정: 왼쪽에서 다섯째에 놓은 수는 6이고 6보다 1만큼 더 작은 수는 5입니다.

지유: 왼쪽에서 둘째에 놓은 수는 4이고 왼쪽에서 여섯째에 놓은 수는 7입니다.

⇨ 4는 7보다 작습니다.

유형 14

(앞)	승희	민호	희수	소연	정민	영지	은영	선규	(뒤)
	여덟째	일곱째	여섯째	다섯째	넷째	셋째	둘째	첫째	

➡ 소연이는 뒤에서 다섯째에 서 있습니다.

주의

순서의 시작이 앞인지, 뒤인지에 따라 순서가 달라지므로 주의합니다.

27

	첫째	둘째	셋째	넷째	다섯째	여섯째	일곱째		
(앞)	○	○	○	○	○	○	●	○	○ (뒤)

승호
| | | | | | 셋째 | 둘째 | 첫째 | |

➡ 승호는 뒤에서 셋째에 서 있습니다.

28

	첫째	둘째	셋째	넷째	다섯째		
(앞)	○	○	○	○	●	○	○ (뒤)

호진
| | | | 셋째 | 둘째 | 첫째 | |

➡ 다섯째를 수로 나타내면 5입니다.

1단원 기출 유형 정답률 55% 이상

12~13쪽

유형 15	3, 4, 5, 6		
29 3		**30** 6, 7	
유형 16 6	**31** 6		**32** ②
유형 17 5	**33** 3		**34** 4
유형 18 9	**35** 7		**36** 9

유형 15 2와 9 사이의 수는 3, 4, 5, 6, 7, 8이고, 이 중에서 7보다 작은 수는 3, 4, 5, 6입니다.

주의

2와 9 사이의 수에 2와 9는 포함되지 않습니다.

29 1과 7 사이의 수는 2, 3, 4, 5, 6이고, 이 중에서 3보다 큰 수는 4, 5, 6입니다.
➡ 3개

30 3과 8 사이의 수는 4, 5, 6, 7이고, 이 중에서 5와 9 사이의 수는 6, 7입니다.

유형 16 왼쪽부터 큰 수를 차례대로 쓰면
9, 7, 6, 4, 2, 1, 0입니다.
➡ 왼쪽에서 셋째에 놓이는 수는 6입니다.

31 왼쪽부터 작은 수를 차례대로 쓰면
0, 2, 4, 5, 6, 8, 9입니다.
➡ 왼쪽에서 다섯째에 놓이는 수는 6입니다.

32 6보다 작은 수는 4, 5, 2, 3이고, 6보다 큰 수는 7입니다.
➡ 7은 오른쪽에서 둘째에 있습니다.

유형 17 (앞) ○ ● ○ ○ ○ ○ ○ ● ○ (뒤)
태경 └─── 5명 ───┘ 소향
➡ 태경이와 소향이 사이에는 5명이 서 있습니다.

33 (앞) ○ ● ○ ○ ○ ● ○ ○ (뒤)
태호 └─ 3명 ─┘ 세희
➡ 태호와 세희 사이에는 3명이 서 있습니다.

34 (앞) ○ ○ ● ○ ○ ○ ○ ● ○ (뒤)
시영 └── 4명 ──┘ 선호
➡ 선호와 시영이 사이에 서 있는 학생은 4명입니다.

	첫 째	둘 째	셋 째	넷 째	다 섯 째	여 섯 째	일 곱 째		
(앞)	○	○	○	○	○	○	●	○	○ (뒤)
							셋 째	둘 째	첫 째

⇨ 강준이네 모둠 학생은 모두 **9**명입니다.

35

	첫 째	둘 째	셋 째					
(앞)	○	○	●	○	○	○	○	(뒤)
			다 섯 째	넷 째	셋 째	둘 째	첫 째	

⇨ 한 줄로 서 있는 학생은 모두 **7**명입니다.

36

	첫 째	둘 째	셋 째	넷 째					
(앞)	○	○	○	●	○	○	○	○	○ (뒤)
				여 섯 째	다 섯 째	넷 째	셋 째	둘 째	첫 째

⇨ 버스 정류장에 한 줄로 서 있는 사람은 모두 **9**명입니다.

1단원 종합

14 ~ 18쪽

1 8	**2** 9
3 다람쥐	**4** ②
5 ②	**6** 7
7 4	**8** 1
9 4	**10** 2
11 7, 8	**12** 송아
13 여섯	**14** 3
15 7	**16** 7
17 3	**18** 5
19 2	**20** 9

1 자동차의 수를 세어 보면 여덟이므로 8입니다.

2 9는 구 또는 아홉이라고 읽습니다.

3 토끼는 5마리, 다람쥐는 7마리입니다.
5와 7 중 더 큰 수는 7이므로 더 많은 동물은 다람쥐입니다.

> **참고**
> 물건의 개수를 비교할 때에는 '많습니다', '적습니다'로 말하고 수의 크기를 비교할 때에는 '큽니다', '작습니다'로 말합니다.

4 ② 여덟 ⇨ 8
③ 7보다 1만큼 더 작은 수는 6입니다.
⑤ 5보다 1만큼 더 큰 수는 6입니다.

5

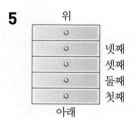

6 9보다 1만큼 더 작은 수는 8이고 8보다 1만큼 더 작은 수는 7이므로 ㉠에 알맞은 수는 7입니다.

7 장미는 해바라기보다 많고 튤립보다 적으므로 3송이보다 많고 5송이보다 적습니다.
⇨ 3보다 크고 5보다 작은 수는 4이므로 장미는 4송이 있습니다.

8 아홉을 수로 나타내면 9이고, 8은 9보다 1만큼 더 작은 수이므로 □ 안에 알맞은 수는 1입니다.

9 5보다 1만큼 더 작은 수는 4이므로 이번 정류장에서 한 명이 내리면 버스에 타고 있는 사람은 4명이 됩니다.

10 세연이의 나이가 8살이므로 초를 8개 묶고 남는 초의 수를 세어 보면 둘이므로 2개입니다.

11

5	2	4	7	⑥	3	1	8
첫 째	둘 째	셋 째	넷 째	다 섯 째	여 섯 째	일 곱 째	여 덟 째

⇨ 다섯째에 있는 수는 6이고 6보다 큰 수를 찾아 보면 7, 8입니다.

12 송아: 6보다 1만큼 더 큰 수는 7입니다.
　　은수: 7보다 1만큼 더 작은 수는 6입니다.
　　⇨ 7과 6 중에서 더 큰 수는 7이므로 송아가
　　　사탕을 더 많이 먹었습니다.

13　　첫 둘 셋 넷
　　　　째 째 째 째
　　(앞) ○ ○ ○ ● ○ ○ ○ ○ ○ (뒤)
　　　　　　　　↑
　　　　　　　민수
　　　　　여 다 넷 셋 둘 첫
　　　　　섯 섯 째 째 째 째
　　　　　째 째
　　⇨ 민수는 뒤에서 여섯째에 서 있습니다.

14 □ 안에 들어갈 수 있는 수는 6보다 큰 수이므
　　로 7, 8, 9입니다. ⇨ 3개

15 5보다 1만큼 더 큰 수는 6입니다. ⇨ ㉠=6
　　6보다 1만큼 더 큰 수는 7입니다. ⇨ ㉡=7

16　　첫 둘 셋 넷 다
　　　　째 째 째 째 섯
　　　　　　　　　째
　　(앞) ○ ○ ○ ○ ● ○ ○ (뒤)
　　　　　　　　　↑
　　　　　　　　수현
　　　　　　셋 둘 첫
　　　　　　째 째 째
　　⇨ 한 줄로 서 있는 학생은 모두 7명입니다.

17 2와 8 사이의 수는 3, 4, 5, 6, 7이고 이 중에
　　서 4와 9 사이의 수는 5, 6, 7입니다. ⇨ 3개

18 왼쪽부터 큰 수를 차례대로 쓰면
　　9, 8, 6, 5, 3, 1, 0입니다.
　　⇨ 오른쪽에서 넷째에 놓이는 수 카드에 적힌
　　　수는 5입니다.

19 (앞) ○ ○ ● ○ ○ ● ○ ○ ○ (뒤)
　　　　　　↑　└2명┘ ↑
　　　　　선주　　　미진
　　⇨ 선주와 미진이 사이에는 2명이 서 있습니다.

20 유정이는 8, 석준이는 5가 적힌 공을 뽑았으므
　　로 희건이는 8보다 큰 수인 9가 적힌 공을 뽑았
　　습니다.

2단원 기출 유형 〔정답률 75%이상〕

19~23쪽

유형 1	4	**1**	(○)(　)(△)
유형 2	③	**2**	(　)(　)(○)(　)
3	1, 7		
유형 3	2	**4**	2
유형 4	③, ④	**5**	㉡, ㉣
유형 5	(　)(　)(○)		
6	(　)(○)(　)	**7**	⬤에 ○표
유형 6	4		
8	4	**9**	가
유형 7	▱에 ○표		
10	⬤에 ○표	**11**	⬭에 ○표
유형 8	⬭에 ○표	**12**	㉠, ㉢, ㉡
유형 9	㉡		
13	㉡	**14**	㉡
유형 10	나	**15**	

유형 1 ▱ 모양: 필통, 영어사전, 서랍장 → 3개
　　　　⬭ 모양: 풀, 음료수 캔 → 2개
　　　　⬤ 모양: 야구공, 수박, 농구공, 배구공
　　　　　　　　→ 4개
　　⇨ 가장 많이 있는 모양은 ⬤ 모양으로 4개입
　　　니다.

〔참고〕
각 모양의 개수를 셀 때에는 빠뜨리지 않도록
∨, ✕, / 등의 표시를 하면서 세어 봅니다.

1 ▱ 모양: 주사위, 지우개, 선물상자, 동화책
　　　　　→ 4개
　　⬭ 모양: 두루마리 휴지, 물통 → 2개
　　⬤ 모양: 털실 뭉치 → 1개

유형 **2** ①, ②, ④, ⑤: ⬤ 모양
　　　③: ⬜ 모양

참고
크기와 색깔은 생각하지 않고 전체적인 모양이
같은 물건을 찾습니다.

2 저금통, 휴지통, 통조림 캔: 🛢 모양
배구공: ⬤ 모양

3 주어진 모양은 ⬜ 모양이므로 주어진 모양과 다
른 모양에 적힌 수는 1과 7입니다.

유형 **3** 설명에 알맞은 모양은 ⬜ 모양입니다.
　⇨ ⬜ 모양은 백과사전과 택배 상자이므로
　　모두 **2**개입니다.

참고
⬜ 모양: 평평한 부분으로만 되어 있습니다.
🛢 모양: 평평한 부분과 둥근 부분이 있습니다.
⬤ 모양: 둥근 부분으로만 되어 있습니다.

4 설명에 알맞은 모양은 🛢 모양입니다.
　⇨ 🛢 모양은 북과 연필꽂이이므로 모두 **2**개
　　입니다.

참고
잘 굴러가는 모양은 🛢 모양과 ⬤ 모양입니다.

유형 **4** 보이는 모양은 평평한 부분과 둥근 부분이
있으므로 🛢 모양입니다.
　⇨ 🛢 모양을 찾으면 ③, ④입니다.

5 보이는 모양은 뾰족한 부분과 평평한 부분이 있
으므로 ⬜ 모양입니다.
　⇨ ⬜ 모양을 찾으면 ㉡, ㉣입니다.

유형 **5**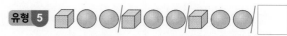
　⬜⬤⬤ 모양이 반복되는 규칙이므로
　⬜ 안에 알맞은 모양은 ⬜ 모양입니다.
　⇨ ⬜ 모양과 같은 모양의 물건은 냉장고입니다.

6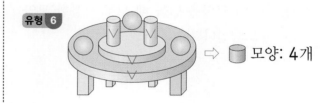
　⬜⬤🛢 모양이 반복되는 규칙이므로
　⬜ 안에 알맞은 모양은 🛢 모양입니다.
　⇨ 🛢 모양과 같은 모양의 물건은 음료수 캔입
　　니다.

7 ⬤⬤🛢 모양이 반복되는 규칙입니다.
　⇨ ㉠에 알맞은 모양은 ⬤ 모양입니다.

유형 **6**
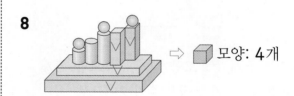
⇨ 🛢 모양: **4**개

8

⇨ ⬜ 모양: **4**개

유형 **7** 가　　　　나

모양	⬜	🛢	⬤
가	2개	3개	
나	5개		4개

⇨ 가와 나 두 모양을 만들 때 모두 사용한 모양
은 ⬜ 모양입니다.

10 가   나

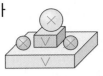
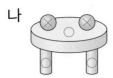

모양			
가	2개		3개
나		3개	2개

➡ 가와 나 두 모양을 만들 때 모두 사용한 모양은 ◯ 모양입니다.

11 가   나   다

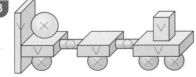

모양			◯
가	2개	2개	
나		2개	3개
다	2개	4개	1개

➡ 가, 나, 다 모양을 만들 때 모두 사용한 모양은 ⬭ 모양입니다.

유형 **8**

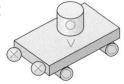

⬛ 모양: 5개, ⬭ 모양: 2개, ◯ 모양: 5개

➡ 5, 2, 5 중 가장 작은 수가 2이므로 가장 적게 사용한 모양은 ⬭ 모양입니다.

12

⬛ 모양: 1개, ⬭ 모양: 3개, ◯ 모양: 2개

➡ 적게 사용한 모양부터 차례대로 기호를 쓰면 ㉠, ㉢, ㉡입니다.

유형 **9**

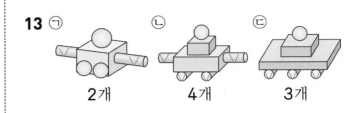

㉠ 2개   ㉡ 3개   ㉢ 2개

13

㉠ 2개   ㉡ 4개   ㉢ 3개

14 어느 방향으로도 잘 굴러가는 모양은 ◯ 모양입니다.

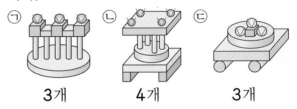

㉠ 3개   ㉡ 4개   ㉢ 3개

유형 **10** ▌보기▐의 모양을 세어 보면

⬛ 모양: 9개, ⬭ 모양: 3개, ◯ 모양: 2개

가 – ⬛ 모양: 8개, ⬭ 모양: 4개, ◯ 모양: 2개

나 – ⬛ 모양: 9개, ⬭ 모양: 3개, ◯ 모양: 2개

2단원 기출 유형   정답률 55% 이상

24 ~ 25쪽

유형 **11** ㉢	**16** ㉠

유형 **12** ( )(◯)(◯)( )( )

17 (◯)( )( )(◯)( )

유형 **13** ( )( )(◯)

18 (◯)( )( )

유형 **14** 3	**19** 3, 4, 1

유형 11 ㉠   ㉡   ㉢

㉠ ⬛ 모양: 2개, 🥫 모양: 4개, ⚪ 모양: 1개
㉡ ⬛ 모양: 3개, 🥫 모양: 3개, ⚪ 모양: 2개
㉢ ⬛ 모양: 2개, 🥫 모양: 4개, ⚪ 모양: 2개

16 ㉠   ㉡   ㉢

㉠ ⬛ 모양: 3개, 🥫 모양: 5개, ⚪ 모양: 2개
㉡ ⬛ 모양: 4개, 🥫 모양: 4개, ⚪ 모양: 1개
㉢ ⬛ 모양: 3개, 🥫 모양: 4개, ⚪ 모양: 1개

유형 12

⬛ 모양: 4개, 🥫 모양: 5개, ⚪ 모양: 2개

▷ 가장 많이 사용한 모양: 🥫 모양

유형 13 석호는 🥫 모양을 가졌고, 윤미는 ⬛ 모양을 가졌습니다.

▷ 세 사람이 서로 다른 물건을 가졌으므로 민우는 ⚪ 모양인 축구공을 가졌습니다.

18 승수는 ⚪ 모양을 가졌고, 선호는 🥫 모양을 가졌습니다.

▷ 세 사람이 서로 다른 물건을 가졌으므로 지유는 ⬛ 모양인 영어사전을 가졌습니다.

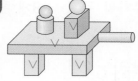

유형 14

주어진 모양을 만들려면 ⬛ 모양이 4개 필요합니다.

▷ 희주가 주어진 모양을 만들려고 했을 때 ⬛ 모양이 1개 부족했으므로 희주가 가지고 있는 ⬛ 모양은 4보다 1만큼 더 작은 3개입니다.

참고
⬛ 모양의 수를 알아보는 문제이므로 🥫 모양과 ⚪ 모양의 수는 세지 않아도 됩니다.

19

주어진 모양을 만들려면 ⬛ 모양이 3개, 🥫 모양이 5개, ⚪ 모양이 2개 필요합니다.

▷ 선우가 주어진 모양을 만들려고 했을 때 🥫 모양이 1개, ⚪ 모양이 1개 부족했으므로 선우가 가지고 있는 ⬛ 모양은 3개, 🥫 모양은 4개, ⚪ 모양은 1개입니다.

2단원 종합

26～28쪽

1 ⬛에 ○표   2 ②
3 ㉠   4 ②
5 ( )(○)( )   6 4
7 ⚪에 ○표   8 지선
9 (○)( )   10 ㉡
11 ㉠   12 6

1 ▧ 모양: 지우개, 주사위, 큐브 → 3개

   ▨ 모양: 단소 → 1개

   ● 모양: 볼링공, 방울 → 2개

   ⇨ 가장 많이 있는 모양은 ▧ 모양입니다.

2 ①, ③, ④, ⑤: ▧ 모양

   ②: ● 모양

3 북은 ▨ 모양입니다.

> **참고**
>
> ▧, ▨, ● 모양의 특징
>
> | | |
> |---|---|
> | ▧ | • 평평하고 뾰족한 부분이 있습니다.
• 잘 쌓을 수 있습니다.
• 둥근 부분이 없어서 잘 구르지 않습니다. |
> | ▨ | • 평평한 부분과 둥근 부분이 다 있습니다.
• 세워서 쌓으면 잘 쌓을 수 있습니다.
• 눕혀서 굴리면 잘 굴러갑니다. |
> | ● | • 모든 부분이 둥급니다.
• 둥글어서 움직이므로 잘 쌓을 수 없습니다.
• 잘 굴러갑니다. |

4 보이는 모양은 평평한 부분과 둥근 부분이 있으므로 ▨ 모양입니다.

   ⇨ ▨ 모양을 찾으면 ② 입니다.

5 ●●▧ 모양이 반복되는 규칙이므로

   □ 안에 알맞은 모양은 ● 모양입니다.

   ⇨ ● 모양과 같은 모양의 물건은 수박입니다.

6 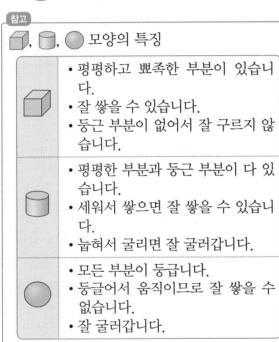 ⇨ ▨ 모양: 4개

7 가   나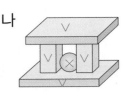

모양	▧	▨	●
가		3개	3개
나	4개		1개

   ⇨ 가와 나 두 모양을 만들 때 모두 사용한 모양은 ● 모양입니다.

8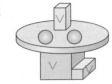

   ▧ 모양을 지선이는 3개, 민호는 2개 사용했습니다.

   ⇨ ▧ 모양을 더 많이 사용하여 모양을 만든 사람은 지선입니다.

10 ㉠ ▧ 모양: 2개, ▨ 모양: 2개, ● 모양: 1개

   ㉡ ▧ 모양: 2개, ▨ 모양: 3개, ● 모양: 2개

11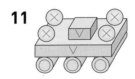

   ▧ 모양: 2개, ▨ 모양: 3개, ● 모양: 4개

   ⇨ 가장 많이 사용한 모양은 ● 모양이고

   ● 모양의 물건은 ㉠입니다.

12 주어진 모양을 만들려면 ▨ 모양이 5개 필요합니다.

   ⇨ 현세가 주어진 모양을 만들었더니 ▨ 모양이 1개 남았으므로 현세가 처음에 가지고 있던 ▨ 모양은 5보다 1만큼 더 큰 6개입니다.

29~35쪽

유형 1 3

1 9　　　　　　　**2** 2

유형 2 2

3 (위부터) 4, 3　　　　　**4** 5

유형 3 ⑤

5 (○) (　) (　)　　　**6** 8

유형 4 준현　　**7** 선아

유형 5 ③　　　　**8** ①　　　**9** 2

유형 6 5　　　**10** 9　　　**11** 9

유형 7 3　　　**12** 7　　　**13** 4

유형 8 2　　　**14** 4　　　**15** 3

유형 9 7　　　**16** 5　　　**17** 8

유형 10 ④

18 ③　　　**19** ㄹ, ㄱ, ㄴ, ㄷ

유형 11 8　　　**20** 5

유형 12 6　　　**21** 7　　　**22** 7

유형 13 2, 3, 5 (또는 3, 2, 5)

23 6, 3, 9 (또는 3, 6, 9)　　**24** 9, 2, 7

유형 14 축구공　　**25** 사탕　　**26** 2

유형 1 토마토 3개에서 아무것도 빼지 않았으므로 3−0=3입니다.

1 빨간색 색연필은 6자루, 파란색 색연필은 3자루 이므로 6+3=9입니다.

2 흰 건반은 7개, 검은 건반은 5개입니다.
➡ 7−5=2이므로 흰 건반은 검은 건반보다 2개 더 많습니다.

유형 2 4는 1과 3, 2와 2, 3과 1로 가르기할 수 있습니다.

3 8은 2와 6, 4와 4, 5와 3으로 가르기할 수 있습니다.

4 3과 2, 1과 4, 2와 3을 모으기하면 5입니다.

유형 3 ① 4와 4를 모으기하면 8입니다.
② 5와 3을 모으기하면 8입니다.
③ 1과 7을 모으기하면 8입니다.
④ 2와 6을 모으기하면 8입니다.
⑤ 5와 4를 모으기하면 9입니다.

5 • 2와 5를 모으기하면 7입니다.
• 1과 4를 모으기하면 5입니다.
• 3과 3을 모으기하면 6입니다.

6 8>5>2>1>0이므로 진영이가 뽑은 수는 8이고 소정이가 뽑은 수는 0입니다.
➡ 8과 0을 모으기하면 8입니다.

유형 4 상근: 2와 3을 모으기했으므로 5여야 합니다.
경환: 7과 2를 모으기했으므로 9여야 합니다.
➡ 바르게 모으기한 사람은 준현입니다.

7 가르기한 두 수를 모으기하여 가르기 전의 수가 아닌 사람을 찾습니다.

➡ 잘못 가르기한 사람은 선아입니다.

유형 5 2와 1을 모으기하면 3입니다. 6은 3과 3 으로 가르기할 수 있으므로 빈칸에 알맞은 수는 3입니다.

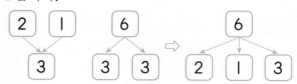

8 5와 1을 모으기하면 6입니다. 7은 6과 1로 가르기할 수 있으므로 빈칸에 알맞은 수는 1입니다.

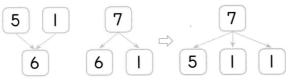

9 3과 4를 모으기하면 7이고, 7과 모으기하여 9가 되는 수는 2입니다.

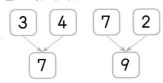

유형 6 (빨간 색종이의 수)+(노란 색종이의 수)
＝(진우가 가지고 있는 색종이의 수)
⇨ $2+3=5$(장)

> **참고**
> '모두 ~입니까?'와 같이 전체의 수를 묻는 문제는 덧셈식으로 나타내 구합니다.

10 6마리가 있는 곳에 3마리가 더 왔으므로 덧셈을 합니다.
⇨ $6+3=9$(마리)

11 (노란색 구슬의 수)＝$2+2=4$(개)
(빨간색 구슬의 수)＝$3+2=5$(개)
⇨ $4+5=9$(개)

> **다른 풀이**
> (가지고 있던 구슬 수)
> ＝(노란색 구슬의 수)+(빨간색 구슬의 수)
> ＝$2+3=5$(개)
> (오늘 산 구슬 수)
> ＝(노란색 구슬의 수)+(빨간색 구슬의 수)
> ＝$2+2=4$(개)
> ⇨ $5+4=9$(개)

유형 7 (전체 달걀의 수)－(바구니에 넣은 달걀의 수)
＝(바구니에 넣지 않은 달걀의 수)
⇨ $7-4=3$(개)

12 (처음에 있던 색종이의 수)－(사용한 색종이의 수)
＝$8-1=7$(장)

13 (처음 정류장에서 내리고 남은 어린이 수)
＝$9-2=7$(명)
(지금 코끼리 열차에 타고 있는 어린이 수)
＝$7-3=4$(명)

유형 8 8은 5와 3으로 가르기할 수 있고, 3은 1과 2로 가르기할 수 있습니다.

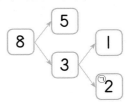

⇨ ㉠에 알맞은 수는 2입니다.

14 6과 3을 모으기하면 9이고, 9는 5와 4로 가르기할 수 있습니다.

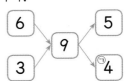

⇨ ㉠에 알맞은 수는 4입니다.

15 4와 2를 모으기하면 6이고, 6과 1을 모으기하면 7입니다.
7은 3과 4로 가르기할 수 있습니다.

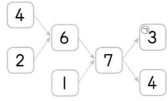

⇨ ㉠에 알맞은 수는 3입니다.

유형 9

가장 큰 수는 6, 가장 작은 수는 1입니다.
⇨ $6+1=7$

16
| 3 | 4 | 2 | 6 | 7 | 5 |

⇨ $7-2=5$

17

→ 둘째로 큰 수　→ 가장 큰 수

| 5 | 7 | 2 | 8 | 1 | 4 |

→ 가장 작은 수

⇨ $7+1=8$

유형 10 ① $3+4=7$　② $9-4=5$
③ $4+2=6$　④ $7-3=4$　⑤ $0+8=8$
⇨ 계산 결과가 가장 작은 것은 ④ 4입니다.

18 ① $0+6=6$　② $2+3=5$　③ $4+4=8$
④ $6-3=3$　⑤ $7-5=2$
⇨ 계산 결과가 가장 큰 것은 ③ 8입니다.

> **참고**
> $0+$(어떤 수)$=$(어떤 수)
> (어떤 수)$+0=$(어떤 수)

19 ㉠ $3+5=8$　㉡ $9-2=7$
㉢ $7-2=5$　㉣ $6+3=9$
⇨ 계산 결과가 큰 것부터 차례대로 기호를 쓰면 ㉣, ㉠, ㉡, ㉢입니다.

유형 11 주어진 모양은 ⬛ 모양의 일부분입니다.
⬛ 모양에 적혀 있는 두 수는 2와 6입니다.
⇨ 2와 6을 모으기하면 8입니다.

20 둥근 부분이 있고 여러 방향으로 잘 굴러가는 모양은 ⬤ 모양입니다.
⬤ 모양에 적혀 있는 두 수는 2와 3입니다.
⇨ 2와 3을 모으기하면 5입니다.

유형 12 ・$4+$㉠$=9$ ⇨ $4+5=9$, ㉠$=5$
・$6+$㉡$=7$ ⇨ $6+1=7$, ㉡$=1$
⇨ ㉠$+$㉡$=5+1=6$

21 ・㉠$-1=4$ ⇨ $5-1=4$, ㉠$=5$
・$7-$㉡$=5$ ⇨ $7-2=5$, ㉡$=2$
⇨ ㉠$+$㉡$=5+2=7$

22 ・▲$+2=8$ ⇨ $6+2=8$, ▲$=6$
・$6-$●$=5$ ⇨ $6-1=5$, ●$=1$
⇨ ▲$+$●$=6+1=7$

유형 13

| 6 | 5 | 2 | 3 |

합이 가장 작은 덧셈식을 만들려면 가장 작은 수와 둘째로 작은 수를 더해야 합니다.
⇨ $2+3=5$ 또는 $3+2=5$

> **참고**
> 합이 가장 작은 덧셈식 만들기
> ⇨ (가장 작은 수)$+$(둘째로 작은 수)

23

| 6 | 2 | 1 | 3 |

합이 가장 큰 덧셈식을 만들려면 가장 큰 수와 둘째로 큰 수를 더해야 합니다.
⇨ $6+3=9$ 또는 $3+6=9$

> **참고**
> 합이 가장 큰 덧셈식 만들기
> ⇨ (가장 큰 수)$+$(둘째로 큰 수)

24

| 9 | 2 | 6 | 4 | 7 |

차가 가장 큰 뺄셈식을 만들려면 가장 큰 수에서 가장 작은 수를 빼야 합니다.
⇨ $9-2=7$

> **참고**
> 차가 가장 큰 뺄셈식 만들기
> ⇨ (가장 큰 수)$-$(가장 작은 수)

유형 14 농구공: 6개는 3개와 3개로 똑같이 가를 수 있습니다.
배구공: 4개는 2개와 2개로 똑같이 가를 수 있습니다.
축구공: 5개는 0개와 5개, 1개와 4개, 2개와 3개로 가를 수 있으므로 똑같이 두 묶음으로 가를 수 없습니다.

25 빵: 2개는 1개와 1개로 똑같이 가를 수 있습니다.
사탕: 7개는 0개와 7개, 1개와 6개, 2개와 5개, 3개와 4개로 가를 수 있으므로 똑같이 두 묶음으로 가를 수 없습니다.
초콜릿: 8개는 4개와 4개로 똑같이 가를 수 있습니다.

26 8을 똑같은 두 수로 가르기하면 4와 4이므로 수지와 지훈이는 사탕을 각각 4개씩 나누어 가졌습니다. 또, 4를 똑같은 두 수로 가르기하면 2와 2이므로 미리에게 준 사탕은 2개입니다.

3단원 기출 유형 <small>정답률 55% 이상</small>

36 ~ 37쪽		
유형 15 7	**27** 7	**28** 6
유형 16 4	**29** 7	**30** 7
유형 17 9	**31** 8	
유형 18 4	**32** 5	**33** 5

유형 15 정훈이와 수연이가 각각 3조각씩 먹었으므로 3조각과 3조각을 모으면 6조각이고 6조각과 범준이가 먹은 1조각을 모으면 7조각입니다.
⇨ 세 사람이 먹은 피자는 모두 7조각입니다.

27 태하와 은지가 각각 2개씩 먹었으므로 2개와 2개를 모으면 4개이고 4개와 준수가 먹은 3개를 모으면 7개입니다.
⇨ 세 사람이 먹은 귤은 모두 7개입니다.

28 9는 2와 7로 가르기할 수 있으므로 ㉠과 ㉡을 모으기했을 때 7이 되어야 합니다. 주어진 수 2, 3, 4, 5, 6 중에서 모으기하여 7이 되는 두 수는 2와 5, 3과 4입니다.
⇨ 고를 수 없는 수는 6입니다.

유형 16 어떤 수를 □라 하여 잘못 계산한 식을 만들면 □+3=7입니다.
□+3=7 ⇨ 4+3=7, □=4

29 어떤 수를 □라 하여 잘못 계산한 식을 만들면 □−2=5입니다.
□−2=5 ⇨ 7−2=5, □=7

30 어떤 수를 □라 하여 잘못 계산한 식을 만들면 4−□=1입니다.
4−□=1 ⇨ 4−3=1, □=3
따라서 바르게 계산하면 4+3=7입니다.

유형 17 • 7은 3과 4로 가르기할 수 있으므로 ■=4입니다.
• 3은 2와 1로 가르기할 수 있으므로 ▲=2입니다.
• 4는 1과 3으로 가르기할 수 있으므로 ●=3입니다.

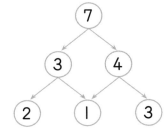

⇨ ■=4, ▲=2, ●=3이므로 4와 2를 모으기하면 6이고, 6과 3을 모으기하면 9입니다.

31 • 9는 4와 5로 가르기할 수 있으므로 ㉠=5입니다.
• 5는 2와 3으로 가르기할 수 있으므로 ㉡=2입니다.
• 2는 1과 1로 가르기할 수 있으므로 ㉢=1입니다.

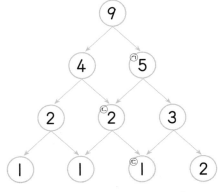

⇨ ㉠=5, ㉡=2, ㉢=1이므로 5와 2를 모으기하면 7이고, 7과 1을 모으기하면 8입니다.

유형 18 ■에서 ▲를 빼면 0이므로 ■와 ▲는 같은 수입니다.

8을 같은 두 수로 가르기하면 4와 4이므로 ■와 ▲는 각각 4입니다.

⇨ $4+4=8$, $4-4=0$

32 · $3+3=6$, ♥$=3$

· ◆$-3=2$ ⇨ $5-3=2$, ◆$=5$

33 · $9-2=7$, ●$=7$

· ●$+2=$♥ ⇨ $7+2=9$, ♥$=9$

· ♥$-4=$★ ⇨ $9-4=5$, ★$=5$

3단원 종합

38~42쪽

1 4	**2** 선우
3 7	**4** 3
5 ③	**6** 8
7 4	**8** 9
9 8	**10** ㉠, ㉢, ㉣, ㉡
11 9	**12** 7
13 3	**14** 6, 1, 5
15 2	**16** 8
17 2	**18** 1
19 9	**20** 7

1 검은색 바둑돌은 8개, 흰색 바둑돌은 4개이므로 검은색 바둑돌이 흰색 바둑돌보다
$8-4=4$(개) 더 많습니다.

2

4 3	4 5	7 1
↓	↓	↓
7	9	8
우진	선우	지선

3 2와 5, 1과 6, 3과 4를 모으기하면 7입니다.

4 3과 2를 모으기하면 5입니다. 8은 5와 3으로 가르기할 수 있으므로 빈칸에 알맞은 수는 3입니다.

5 ① 3과 1을 모으기하면 4가 되므로 잘못 가르기한 것입니다.

② 2와 6을 모으기하면 8이 되므로 잘못 가르기한 것입니다.

④ 5와 3을 모으기하면 8이 되므로 잘못 가르기한 것입니다.

⑤ 4와 2를 모으기하면 6이 되므로 잘못 가르기한 것입니다.

6 (두 사람이 가지고 있는 풍선의 수)
　＝(정인이가 가지고 있는 풍선의 수)
　　＋(승기가 가지고 있는 풍선의 수)
　＝$3+5=8$(개)

7 (선주가 가지고 있는 감의 수)
　＝(지민이가 가지고 있는 감의 수)-2
　＝$6-2=4$(개)

8 6보다 작은 수: 5, 4 ⇨ $5+4=9$

9 6과 1을 모으기하면 7이고, 7은 4와 3으로 가르기할 수 있습니다. 3과 5를 모으기하면 8이므로 ㉠에 알맞은 수는 8입니다.

10 ㉠ $4-2=2$　㉡ $5+0=5$
　㉢ $1+3=4$　㉣ $9-6=3$
　⇨ 계산 결과가 작은 것부터 차례대로 기호를 쓰면 ㉠, ㉣, ㉢, ㉡입니다.

11 $2+㉠=9$ ⇨ $2+7=9$, ㉠$=7$
　$6+㉡=8$ ⇨ $6+2=8$, ㉡$=2$
　⇨ ㉠$+㉡=7+2=9$

12 설명에 알맞은 모양은 🔘 모양입니다. 🔘 모양에 적혀 있는 세 수는 1, 4, 2입니다.
　⇨ 1과 4를 모으기하면 5이고, 5와 2를 모으기하면 7입니다.

13 1과 7 사이의 수 2, 3, 4, 5, 6 중에서 똑같은 두 수로 가르기할 수 있는 수를 찾습니다.
2는 1과 1, 4는 2와 2, 6은 3과 3으로 가르기할 수 있으므로 모두 3개입니다.

14 | 2 | 1 | 6 | 3 |

차가 가장 큰 뺄셈식을 만들려면 가장 큰 수에서 가장 작은 수를 뺍니다.
$\Rightarrow 6-1=5$

15 9는 1과 8로 가르기할 수 있으므로 ㉠과 ㉡을 모으기했을 때 8이 되어야 합니다. 1부터 9까지의 수 중에서 모으기하여 8이 되는 두 수는 1과 7, 2와 6, 3과 5, 4와 4이므로 고를 수 없는 수는 8, 9로 모두 2개입니다.

16 어떤 수를 □라 하여 잘못 계산한 식을 만들면
□$-3=2$입니다.
□$-3=2 \Rightarrow 5-3=2$, □$=5$
따라서 바르게 계산하면 $5+3=8$입니다.

17 • $7-3=4$, ●$=4$
• ●$+4=$▲ $\Rightarrow 4+4=8$, ▲$=8$
• ▲$-6=$◆ $\Rightarrow 8-6=2$, ◆$=2$

18 흰색 바둑돌의 수를 □개라 하면
□$+5=9 \Rightarrow 4+5=9$, □$=4$입니다.
$\Rightarrow$ 검은색 바둑돌은 흰색 바둑돌보다
$5-4=1$(개) 더 많습니다.

19 • 3과 2를 모으기하면 5이므로 ▲$=5$
• 6은 5와 1로 가르기할 수 있으므로 ●$=1$
• 1과 2를 모으기하면 3이므로 ■$=3$
$\Rightarrow$ 3과 5를 모으기하면 8이고, 8과 1을 모으기하면 9입니다.

> **참고**
> 아래부터 차례대로 수를 구해 봅니다.

20

• $3+$㉠$=7 \Rightarrow 3+4=7$, ㉠$=4$
• $5+$㉡$=7 \Rightarrow 5+2=7$, ㉡$=2$
• $6+$㉢$=7 \Rightarrow 6+1=7$, ㉢$=1$
4와 2를 모으기하면 6이고, 6과 1을 모으기하면 7입니다.

4단원 기출 유형 정답률 75%이상

43~47쪽

유형 1 토끼	1 자동차	2 분홍색 구슬
유형 2 (△) (○) ( )		
3 ( ) (△) (○)		4 선호
유형 3 ㉡	5 ㉢	6 (1)
		(3)
		(2)
유형 4 ⑤		
7 ④		8 공원, 체육관, 놀이터
유형 5 경호	9 영희	10 성호
유형 6 윤석	11 상미	12 소정
유형 7 수미		
13 진아	14 윤성, 민서, 규진	
유형 8 ( ) ( ) (○)		
15 (2) (1) (3)		16 다
유형 9 곰	17 재석	18 ①
유형 10 은미	19 다현	

유형 1 기린, 토끼, 하마 중에서 무게가 가장 가벼운 동물은 토끼입니다.

1 자동차가 가장 무겁고, 자전거가 가장 가볍습니다.

2 보라색 구슬 3개와 분홍색 구슬 2개의 무게가 같으므로 분홍색 구슬이 보라색 구슬보다 더 무겁습니다.

유형 2 높이가 가장 높은 것은 5칸짜리 책꽂이이고, 높이가 가장 낮은 것은 2칸짜리 책꽂이입니다.

3 아파트가 가장 높고, 나무가 가장 낮습니다.

4 정선이는 2층으로, 희준이는 1층으로, 선호는 3층으로 쌓았습니다.
⇨ 블록을 가장 높게 쌓은 사람은 선호입니다.

유형 3 ㉡과 ㉢은 구부러져 있기 때문에 펴면 ㉠보다 더 깁니다.
㉡은 ㉢보다 더 많이 구부러져 있기 때문에 ㉡이 더 깁니다.
⇨ 길이가 가장 긴 것은 ㉡입니다.

> **참고**
> 많이 구부러져 있을수록 곧게 폈을 때 길이가 더 깁니다.

5 양쪽 끝이 맞추어져 있을 때 많이 구부러져 있을수록 길므로 ㉢이 가장 깁니다.

6 양쪽 끝이 맞추어져 있을 때 많이 구부러져 있을수록 깁니다.

유형 4 넓은 동전부터 차례대로 쓰면 500원짜리, 100원짜리, 50원짜리, 10원짜리, 1원짜리입니다.
따라서 500원짜리 동전이 가장 넓습니다.

7 그림이 액자보다 더 넓으면 자르거나 접지 않고 액자 안에 넣을 수 없습니다.

8 공원은 놀이터보다 더 넓고, 공원은 체육관보다 더 넓으므로 가장 넓은 곳은 공원입니다. 체육관은 놀이터보다 더 넓으므로 넓은 곳부터 차례대로 쓰면 공원, 체육관, 놀이터입니다.

유형 5

남희 경호 현주

아래쪽 끝이 맞추어져 있으므로 위쪽을 비교합니다.
⇨ 키가 가장 작은 사람은 경호입니다.

9

지수

승우

영희

위쪽 끝이 맞추어져 있으므로 아래쪽을 비교합니다.
⇨ 키가 가장 큰 사람은 영희입니다.

10 위쪽 끝이 맞추어져 있으므로 아래쪽을 비교합니다.
⇨ 키가 가장 큰 사람은 성호입니다.

유형 6 남은 우유의 양이 가장 적은 사람이 우유를 가장 많이 마신 것입니다.
⇨ 윤석이가 가장 많이 마셨습니다.

11

마신 물 마신 물 마신 물

은영 주원 상미

남은 물의 양이 가장 많은 사람이 물을 가장 적게 마신 것입니다.
⇨ 상미가 물을 가장 적게 마셨습니다.

> **주의**
> 남은 물의 양을 비교하여 상미가 가장 많이 마셨다고 생각하지 않도록 주의합니다.

12

가장 많다

소정   진솔   윤호

물의 높이가 같으므로 그릇의 크기가 클수록 물이 더 많이 들어 있습니다. 따라서 소정이가 물을 가장 많이 마시게 됩니다.

> **참고**
> 그릇에 들어 있는 물의 높이가 같을 때에는 그릇의 크기를 비교합니다.

유형 7 지호는 민주보다 몸무게가 더 무겁고 수미는 민주보다 몸무게가 더 가벼우므로 몸무게가 가장 가벼운 사람은 수미입니다.

13 진아는 은채보다 몸무게가 더 무겁고 민우는 은채보다 몸무게가 더 가벼우므로 몸무게가 가장 무거운 사람은 진아입니다.

14 규진이는 윤성이와 민서보다 더 무거우므로 몸무게가 가장 무겁습니다. 그리고 윤성이가 민서보다 몸무게가 더 가벼우므로 몸무게가 가벼운 사람부터 차례대로 이름을 쓰면 윤성, 민서, 규진입니다.

유형 8 물의 높이가 모두 같으므로 그릇의 크기를 비교합니다. 맨 오른쪽 그릇이 가장 크므로 맨 오른쪽 그릇에 물이 가장 많이 들어 있습니다.

15 물의 높이가 모두 같으므로 그릇의 크기를 비교합니다. 가운데 그릇에 담긴 물의 양이 가장 많고, 맨 오른쪽 그릇에 담긴 물의 양이 가장 적습니다.

16 담긴 물의 양이 적을수록 높은 소리가 나므로 가장 높은 소리가 나는 병은 담긴 물의 양이 가장 적은 다입니다.

> **참고**
> 모양과 크기가 같은 그릇에 담긴 물의 양을 비교할 때에는 물의 높이를 비교합니다.

유형 9 사자는 호랑이보다 더 무겁고 곰보다 더 가벼우므로 무거운 동물부터 차례대로 이름을 쓰면 곰, 사자, 호랑이입니다.
➡ 가장 무거운 동물은 곰입니다.

17

> **푸는 순서**
> ❶ 두 사람씩 무게 비교하기
> ❷ 가장 가벼운 사람 찾기

❶ 지현이는 동우보다 더 가볍고 재석이보다 더 무거우므로 가벼운 사람부터 차례대로 이름을 쓰면 재석, 지현, 동우입니다.
❷ 가장 가벼운 사람은 재석입니다.

18 시소에 앉은 그림을 보면 시후는 소희보다 더 무겁고 주원이는 소희보다 더 무겁습니다.
무거운 사람부터 차례대로 이름을 쓰면 시후, 주원, 소희, 시영이므로 둘째로 가벼운 사람은 소희입니다.

유형 10
· ㉠ 그릇에 담긴 물의 양이 가장 많습니다.
· ㉡ 그릇에 담긴 물의 양이 가장 적습니다.
· ㉢ 그릇에 담긴 물의 양이 두 번째로 많습니다.
➡ 물의 양을 잘못 비교한 사람은 은미입니다.

19 물의 높이가 모두 같으므로 그릇이 클수록 담긴 물의 양이 많습니다.
➡ 담긴 물의 양이 많은 그릇부터 차례대로 기호를 쓰면 ㉡, ㉢, ㉠이므로 바르게 비교한 사람은 다현입니다.

유형 11 빨간 선을 따라 학교까지 가는 길: 9번
파란 선을 따라 학교까지 가는 길: 7번
⇨ 파란 선을 따라가는 길이 더 짧습니다.

20 빨간 선을 따라 백화점까지 가는 길: 9번
파란 선을 따라 백화점까지 가는 길: 7번
⇨ 파란 선을 따라 가는 길이 더 짧습니다.

유형 12

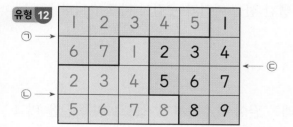

㉠: 7칸   ㉡: 8칸   ㉢: 9칸
⇨ 가장 넓은 것은 ㉢입니다.

21 경미: 7칸, 기수: 8칸
⇨ 기수가 더 넓은 땅을 차지했습니다.

참고
칸 수가 많을수록 더 넓다는 것을 이용합니다.

유형 13 원규는 주석이보다 키가 더 작고 선미는 원규보다 키가 더 작으므로 키가 가장 작은 사람은 선미입니다.

22 태빈이는 창주보다 키가 더 크고 소라보다 키가 더 작으므로 키가 가장 작은 사람은 창주입니다.

23 정원이는 유빈이와 주하보다 키가 더 크고 주하는 유빈이보다 키가 더 작으므로 키가 큰 사람부터 차례대로 이름을 쓰면 정원, 유빈, 주하입니다.

유형 14 감자는 고구마보다 더 가볍고 감자는 옥수수보다 더 가볍습니다. 고구마는 옥수수보다 더 가볍습니다.
⇨ 가벼운 것부터 차례대로 쓰면 감자, 고구마, 옥수수입니다.

참고
저울에서는 더 무거운 쪽이 아래로 내려갑니다.

24 하마와 코뿔소는 코끼리보다 더 가볍고 하마는 코뿔소보다 더 가벼우므로 하마가 가장 가볍습니다.

1 아래쪽이 맞추어져 있으므로 위쪽을 비교합니다.

2 줄을 감은 횟수를 알아보면 ㉠은 **3**번, ㉡은 **5**번 입니다.
따라서 감은 줄이 더 긴 것은 ㉡입니다.

3 구슬이 더 많이 놓여있는 나 접시가 더 무겁습 니다.

4 서로 겹쳐 보면 ㉤이 가장 많이 모자라므로 ㉤ 이 가장 좁습니다.

5 위쪽 끝이 맞추어져 있으므로 바닥의 높이가 낮은 사람일수록 키가 큽니다.

6 남은 물의 양이 많을수록 적게 마신 것이므로 물을 가장 적게 마신 사람은 수정입니다.

7 그릇이 가장 큰 ㉠에 물이 가장 많이 들어 있습 니다.

8 수민이는 연정이보다 몸무게가 더 무겁고 주 은이는 수민이보다 몸무게가 더 무거우므로 몸무게가 무거운 사람부터 차례대로 이름을 쓰면 주은, 수민, 연정입니다.

9 한 칸의 크기가 같으면 칸 수가 많을수록 더 넓습니다.

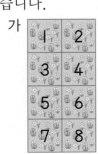

가 → **8**칸   나 → **9**칸
⇨ 밭 나에 꽃을 더 많이 심었습니다.

10 푸는 순서
❶ 빨간 선은 한 칸의 선을 몇 번 지나는지 세어 보기
❷ 파란 선은 한 칸의 선을 몇 번 지나는지 세어 보기
❸ 더 짧은 길 찾기

❶ 한 칸의 선을 몇 번 지나는지 알아보면 빨간 선은 **8**번입니다.

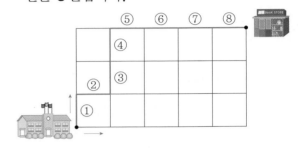

❷ 파란 선은 **10**번입니다.

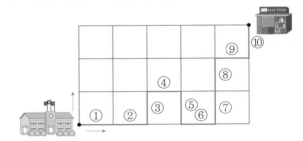

❸ 빨간 선을 따라가는 길이 더 짧습니다.

11 아래쪽 끝이 맞추어져 있으므로 위쪽 끝을 비교 합니다.
키가 작은 사람부터 차례대로 민영, 봉주, 승호, 희재이므로 셋째에 서는 사람은 승호입니다.

봉주   희재   민영   승호

12 마늘은 피망보다 더 가볍고 양파보다 더 가볍습 니다. 피망은 양파보다 더 가볍습니다.
⇨ 가벼운 것부터 차례대로 쓰면 마늘, 피망, 양파입니다.

53~58쪽

1 4	**2** ②	**3** 3
4 ②	**5** 5	**6** ②
7 7	**8** 4	**9** ③
10 ③	**11** 9	**12** 3
13 ④	**14** ②	**15** ④
16 4	**17** 9	**18** ②
19 6	**20** ②	**21** 2
22 4	**23** 6	**24** 2
25 4		

1 축구공의 수를 세어 보면 하나, 둘, 셋, 넷이므로 4입니다.

3 8은 5와 3으로 가르기할 수 있으므로 빈칸에 ○를 3개 그려야 합니다.

5 수를 순서대로 쓰면 2−3−4−5−6−7이므로 ㉠에 알맞은 수는 5입니다.

6 주희 쪽이 올라가 있으므로 주희가 하경이보다 더 가볍습니다.

7 8보다 1만큼 더 작은 수는 7입니다.

8 ⬛ 모양: 4개, 🛢 모양: 4개, ⚫ 모양: 2개

9 보이는 모양은 뾰족한 부분과 평평한 부분이 있으므로 ⬛ 모양이고 ⬛ 모양의 물건을 찾으면 ③입니다.

10 그릇의 모양과 크기가 같으므로 담긴 물의 높이를 비교합니다.

11 (필통에 들어 있는 색연필의 수)
=4+5=9(자루)

12 4, 3, 6 중 가장 큰 수는 6이고, 가장 작은 수는 3입니다. ➡ 6−3=3

13 ④ 공책은 스케치북보다 더 좁습니다.

14 ① ⬛ 모양: 2개, 🛢 모양: 2개, ⚫ 모양: 4개
② ⬛ 모양: 3개, 🛢 모양: 2개, ⚫ 모양: 3개

15

➡ 위에서 둘째에 있는 쌓기나무는 아래에서 넷째에 있습니다.

16 다섯을 수로 나타내면 5, 아홉을 수로 나타내면 9입니다.
➡ 9−5=4

17 □은/는 8보다 크므로 □ 안에 들어갈 수 있는 수는 9입니다.

18 모눈종이 한 칸의 선을 몇 번 지나는지 알아보면 ①은 7번, ②는 6번, ③은 9번입니다.
➡ 선의 길이가 가장 짧은 것은 ②입니다.

19 주어진 모양을 만들려면 ⬛ 모양이 3개 필요합니다.
➡ 주어진 모양을 2개 만들려면 ⬛ 모양은 3+3=6(개) 필요합니다.

20 그림을 그려 알아봅니다.

연필
색연필
볼펜

➡ 가장 긴 것은 색연필입니다.

21 (형과 동생이 가지고 있는 색종이의 수)
=6+2=8(장)
⇨ 8은 4와 4로 똑같이 가르기할 수 있으므로
(형이 동생에게 주어야 하는 색종이의 수)
=6-4=2(장)입니다.

22
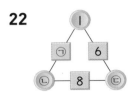

• 1+ⓒ=6 ⇨ 1+5=6, ⓒ=5
• ⓛ+5=8 ⇨ 3+5=8, ⓛ=3
⇨ 1+3=㉠, ㉠=4

23 ㉠이 가장 크려면 ⓛ이 작아야 하고, ⓛ이 작으려면 ⓒ과 ㉣이 작아야 하므로 ⓒ과 ㉣은 각각 1과 2 또는 2와 1입니다.
1과 2 또는 2와 1을 모으기하면 3이므로 ⓛ은 3이고, 3과 모으기하여 9가 되는 수는 6이므로 ㉠은 6입니다.

24 그림을 그려 알아봅니다.
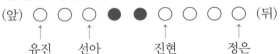
⇨ 선아와 진현이 사이에 있는 학생은 2명입니다.

25 (㉮, ㉮, ㉯)를 모으기하여 9가 되는 경우를 찾아보면 (0, 0, 9), (1, 1, 7), (2, 2, 5), (3, 3, 3), (4, 4, 1)입니다.
㉮, ㉯는 1부터 5까지의 수 중에서 서로 다른 수이므로 (㉮, ㉯)가 될 수 있는 경우는 (2, 5), (4, 1)입니다.
(㉮, ㉯)가 (2, 5), (4, 1)일 때 (㉮, ㉯, ㉰)를 모으기하여 7이 되는 경우를 찾아보면 (2, 5, 0), (4, 1, 2)입니다.
㉮, ㉯, ㉰는 1부터 5까지의 수 중에서 서로 다른 수이므로 (㉮, ㉯, ㉰)는 (4, 1, 2)입니다.
⇨ 1, 1, 2를 모으기하면 4이므로 ㉯에 2번, ㉰에 1번을 맞히면 4점을 얻습니다.

실전 모의고사 2회

59~64쪽

1 5	**2** ③	**3** ③
4 2	**5** ④	**6** ③
7 7	**8** ②	**9** 3
10 0	**11** 3	**12** ②
13 ③	**14** ②	**15** ①
16 ①	**17** ①	**18** 4
19 2	**20** 6	**21** 2
22 4	**23** 3	**24** 6
25 3		

3 ③ 자전거 수를 세어 보면 7이고 7은 칠 또는 일곱이라고 읽습니다.

4 복숭아 6개를 복숭아 4개와 2개로 가르기할 수 있으므로 빈칸에 들어갈 복숭아는 2개입니다.

6 가장 무거운 것은 냉장고입니다.

7 4+3=7

9 🛢 모양은 두루마리 휴지, 탬버린, 물통으로 모두 3개입니다.

10

묶지 않은 그림은 없으므로 0개입니다.

11 셋은 3, 일곱은 7, 사는 4, 아홉은 9, 육은 6입니다.
⇨ 작은 수부터 차례로 쓰면 3, 4, 6, 7, 9이므로 가장 작은 수는 3입니다.

12 지영이부터 첫째, 둘째, 셋째, ...를 세어 보면 뒤에서 여섯째에 서 있는 어린이는 ② 지훈입니다.

13 평평하고 뾰족한 부분이 있는 것은 ▢ 모양이 므로 ▢ 모양을 찾으면 ③ 벽돌입니다.

14 진용: 7은 5와 2 또는 6과 1로 가르기할 수 있습니다.

15

1	2	3	1	2
4	5	3	4	5
6	7	8	6	7

① →   ← ②

칸 수를 세어 보면 ①은 8칸, ②는 7칸입니다.
⇨ 칸 수가 많을수록 더 넓으므로 ①이 더 넓습니다.

16 가: ▢ 모양, ▢ 모양
나: ▢ 모양, ● 모양
다: ▢ 모양, ▢ 모양, ● 모양
⇨ 가, 나, 다를 만드는 데 모두 사용한 모양은 ▢ 모양입니다.

17 물이 적게 담길수록 높은 소리가 나므로 물이 가장 적게 담긴 ①이 가장 높은 소리가 납니다.

18 ▢ 모양: 주사위, 과자 상자, 어항 → 3개
▢ 모양: 통나무, 음료수 캔, 탬버린, 연필꽂이 → 4개
● 모양: 볼링공, 테니스공 → 2개
⇨ 가장 많이 있는 모양은 ▢ 모양으로 4개 있습니다.

19 ● 모양: 4개, ▢ 모양: 2개
⇨ 4−2=2(개)

20 6과 1을 모으기하면 7이므로 뽑은 수 카드에 적힌 수는 6과 1입니다. 남은 두 수 카드에 적힌 수는 4와 2이므로 두 수를 모으기하면 6입니다.

21 (정혁이가 가지고 있던 볼펜의 수)
=6+1=7(자루)
⇨ (동생에게 준 볼펜의 수)=7−5=2(자루)

22 2와 8 사이의 수는 3, 4, 5, 6, 7입니다.
이 중에서 ●보다 큰 수가 3개가 되어야 하므로 ●보다 큰 수는 5, 6, 7이어야 합니다.
⇨ ●에 알맞은 수는 4입니다.

23 주어진 모양을 만들려면 ▢ 모양 3개, ▢ 모양 3개, ● 모양 2개가 필요합니다.
주하가 주어진 모양을 만들려고 했을 때
▢ 모양이 1개 남았고, ▢ 모양과 ● 모양은 1개씩 부족했으므로 주하가 가지고 있는 모양은
▢ 모양 4개, ▢ 모양 2개, ● 모양 1개입니다.
⇨ ▢ 모양은 ● 모양보다 4−1=3(개) 더 많습니다.

24 ㉠과 ㉡을 모으기하면 5이므로 모으기하여 5가 되는 두 수를 찾아보면 0과 5, 1과 4, 2와 3, 3과 2, 4와 1, 5와 0입니다.
㉠과 1을 모으기하면 ㉡이므로
㉡은 ㉠보다 1만큼 더 큰 수입니다.
⇨ ㉠은 2, ㉡은 3이고 8은 2와 6으로 가르기할 수 있으므로 ㉢은 6입니다.

25

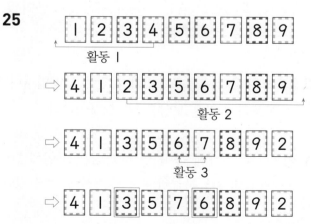

따라서 처음에 놓인 수 카드와 모든 활동을 한 후 놓인 수 카드에서 자리가 바뀌지 않은 수는 3과 6이므로 두 수의 차는 6−3=3입니다.

실전 모의고사 3회

65~70쪽

1 8	**2** 3	**3** ②
4 7	**5** ②	**6** 5
7 9	**8** ③	**9** ②
10 ③	**11** ⑤	**12** ①
13 5	**14** 3	**15** ③
16 3	**17** ①	**18** ②
19 ④	**20** 7	**21** ②
22 ①	**23** l	**24** 3
25 5		

2 쓰러진 볼링핀의 수를 세어 보면 하나, 둘, 셋이 므로 3입니다.

5 ② 방울은 ⬤ 모양입니다.

6 2와 3을 모으기하면 5입니다.

7 바둑돌을 하나씩 짝 지어 보면 검은색 바둑돌이 하나 남으므로 검은색 바둑돌이 하나 더 많습니다.
⇨ 검은색 바둑돌의 수를 세어 보면 9입니다.

8 가장 긴 것은 붓이고, 가장 짧은 것은 크레파스 입니다.

9 보이는 모양은 뾰족한 부분과 평평한 부분이 있 으므로 ▱ 모양입니다.

10 ▱ 모양 2개, ⬭ 모양 5개로 만든 모양입니다.
⇨ 사용하지 않은 모양은 ⬤ 모양입니다.

11 왼쪽에서 첫째에 놓여 있는 과일은 파인애플이 고, 파인애플은 오른쪽에서 다섯째에 놓여 있습 니다.

12 ⬭ 모양과 ⬤ 모양은 잘 구릅니다.
⇨ 잘 구르지 않는 모양은 ▱ 모양입니다.

13 그림의 수를 세어 보면 여섯입니다.
여섯보다 하나 더 많은 수는 일곱이고 ◯가 2개 그려져 있으므로 ◯를 5개 더 그리면 됩니다.

14 주어진 수를 작은 수부터 차례대로 쓰면 다음과 같습니다.
2, 4, 6, 7, 8, 9
    └─ 6보다 큰 수 ─→
⇨ 6보다 큰 수는 7, 8, 9로 모두 3개입니다.

15 키가 가장 큰 사람은 선아이고, 둘째로 큰 사람 은 경수입니다.

16 l과 4를 모으기하면 5이고 5와 모으기하여 8이 되는 수는 3입니다.
⇨ □ 안에 알맞은 수는 3입니다.

17 혁재: ▱ 모양, ⬭ 모양
소라: ▱ 모양, ⬤ 모양
⇨ 두 사람이 모두 가지고 있는 모양은 ▱ 모양 입니다.

18 주어진 모양은 ▱ 모양 2개, ⬭ 모양 3개,
⬤ 모양 l개입니다.
① ▱ 모양 l개, ⬭ 모양 3개, ⬤ 모양 2개로 만든 모양입니다.
② ▱ 모양 2개, ⬭ 모양 3개, ⬤ 모양 l개로 만든 모양입니다.
③ ▱ 모양 l개, ⬭ 모양 4개, ⬤ 모양 l개로 만든 모양입니다.
⇨ 주어진 모양을 모두 사용하여 만든 것은 ② 입니다.

19 ① $3+2=5$ ② $9-5=4$ ③ $6+0=6$
④ $7+l=8$ ⑤ $8-l=7$

20 준영: $2+5=7$, 종호: $6+3=9$
⇨ 7, 9 중 더 작은 수는 7입니다.

21 감자는 고구마보다 더 가볍고, 무는 고구마보다 더 무겁습니다.

⇨ 가벼운 것부터 차례대로 쓰면 감자, 고구마, 무입니다.

22 윤지네 집에서 학교까지 한 칸의 선을 몇 번 지나는지 알아보면 ① 길은 **7**번, ② 길은 **9**번입니다.

⇨ ① 길로 가는 것이 더 가깝습니다.

23 • 잠자리: ▱ 모양 3개, ⬭ 모양 3개, ◯ 모양 2개를 사용하여 만든 모양입니다.

• 기린: ▱ 모양 3개, ⬭ 모양 4개, ◯ 모양 2개를 사용하여 만든 모양입니다.

⇨ 기린의 ⬭ 모양이 잠자리의 ⬭ 모양보다 **l**개 더 많으므로 ⬭ 모양을 **l**개 더 많이 사용하여 기린을 만들었습니다.

24 거미와 벌이 한 마리씩일 때 다리 수는 8−6＝2(개) 차이가 납니다.
거미와 벌이 2마리씩일 때는 2+2＝4(개), 3마리씩일 때는 4+2＝6(개) 차이가 나므로 거미는 3마리입니다.

25 • ㉮＝l일 때 ①, 2, 3, 4, ⑤이므로 ㉯＝5입니다.

• ㉮＝2일 때 ②, 3, 4, 5, ⑥이므로 ㉯＝6입니다.

• ㉮＝3일 때 ③, 4, 5, 6, ⑦이므로 ㉯＝7입니다.

• ㉮＝4일 때 ④, 5, 6, 7, ⑧이므로 ㉯＝8입니다.

• ㉮＝5일 때 ⑤, 6, 7, 8, ⑨이므로 ㉯＝9입니다.

⇨ (㉮, ㉯)가 될 수 있는 경우는 (l, 5), (2, 6), (3, 7), (4, 8), (5, 9)이므로 모두 5가지입니다.

| 실전 모의고사 4회 | | |

71~76쪽

1 3	**2** 6	**3** ⑤
4 ③	**5** 0	**6** ④
7 7	**8** ②	**9** 2
10 ②	**11** ②	**12** ③
13 2	**14** 2	**15** 3
16 7	**17** 3	**18** ③
19 ③	**20** 2	**21** 9
22 ③	**23** 2	**24** 4
25 6		

1 색칠된 그림의 수를 세어 보면 하나, 둘, 셋이므로 3입니다.

2 5와 l을 모으기하면 6입니다.

3 왼쪽 끝이 맞추어져 있으므로 오른쪽 끝이 가장 많이 나온 ⑤가 가장 깁니다.

4 ③ 지우개는 ▱ 모양입니다.

5 아무것도 없는 것을 0이라 쓰고 영이라고 읽습니다.

6 5보다 l만큼 더 작은 수는 4이고, 5보다 l만큼 더 큰 수는 6입니다.

7 ▱ 모양 7개로 만든 모양입니다.

8 고무줄이 길게 늘어날수록 무거우므로 가장 무거운 물건은 고무줄이 가장 길게 늘어난 음료수 캔입니다.

9 ◯ 모양을 찾아 보면 야구공, 털실 뭉치로 모두 2개입니다.

10 ① 4+5=9 ③ 1+4=5
④ 6−2=4 ⑤ 7+2=9

11 주어진 컵보다 물을 더 많이 담을 수 있는 컵을 찾으면 ②입니다.

12 쌓을 수도 있고 굴릴 수도 있는 모양은 ⬚ 모양입니다.
⇨ ⬚ 모양의 물건을 찾으면 ③입니다.

13 ⬚ 모양: 3개, ⬚ 모양: 4개, ⬤ 모양: 2개
⇨ 3, 4, 2 중 가장 작은 수가 2이므로 가장 적게 사용한 모양은 ⬤ 모양으로 2개 사용하였습니다.

14 3보다 큰 수는 6, 8, 5이고 이 중에서 7보다 작은 수는 6, 5이므로 모두 2개입니다.

15 6은 3과 3으로 똑같이 가르기할 수 있습니다.
⇨ 한 사람이 사과를 3개씩 가지면 됩니다.

16
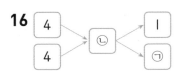

4와 4를 모으기하면 8이므로 ⓒ은 8입니다.
⇨ 8은 1과 7로 가르기할 수 있으므로
ⓐ에 알맞은 수는 7입니다.

17 무릎: 7번, 머리: 4번
⇨ '무릎'은 '머리'보다 7−4=3(번) 더 많이 나옵니다.

18 수의 순서대로 5의 앞이나 뒤에 오는 수를 알아봅니다.
② 3 4 ⑤ 6 7 ⑧
   ┕2개┙ ┕2개┙
⇨ ⓐ이 될 수 있는 수는 2와 8입니다.

19 희수는 재형이보다 더 가볍고 주은이보다 더 무거우므로 무거운 사람부터 차례대로 이름을 쓰면 재형, 희수, 주은입니다.

20 4+2=6이므로 ■=6입니다.
⇨ 6+▲=8에서 6과 더해서 8이 되는 수는 2이므로 ▲=2입니다.

21
첫 둘 셋
째 째 째
(앞) ○ ○ ● ○ ○ ○ ○ ○ ○ (뒤)
       ↑
     송희

일 여 다 넷 셋 둘 첫
곱 섯 섯 째 째 째 째
째 째 째

⇨ 줄을 서 있는 어린이는 모두 9명입니다.

22 어느 방향으로도 잘 굴러가지 않는 모양은 ⬚ 모양입니다.
사용한 ⬚ 모양을 세어 보면
①: 2개, ②: 1개, ③: 3개입니다.
⇨ ⬚ 모양을 가장 많이 사용한 것은 ③입니다.

23
(ⓒ)─3─(ⓒ)
(2)   (ⓐ)
(2)─1─(ⓔ)

• 2와 2를 모으기하면 4이고 4와 모으기하여 8이 되는 수는 4이므로 ⓒ은 4입니다.
• 4와 3을 모으기하면 7이고 7과 모으기하여 8이 되는 수는 1이므로 ⓒ은 1입니다.
• 2와 1을 모으기하면 3이고 3과 모으기하여 8이 되는 수는 5이므로 ⓔ은 5입니다.
• 1과 5를 모으기하면 6이고 6과 모으기하여 8이 되는 수는 2이므로 ⓐ은 2입니다.

24 6보다 크고 9보다 작은 수는 7, 8입니다.
- 두 수의 합이 7인 경우: 2와 5, 3과 4
- 두 수의 합이 8인 경우: 2와 6, 3과 5
⇨ 모두 4가지입니다.

25 선주, 현아, 경민, 윤미, 성빈이가 서 있는 위치를 그림으로 나타내면 다음과 같습니다.

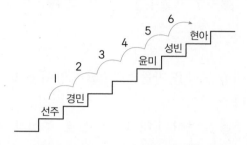

⇨ 맨 위에 서 있는 현아는 맨 아래에 서 있는 선주보다 6계단 위에 서 있습니다.

실전 모의고사 5회

77 ~82쪽		
1 5	**2** ④	**3** 2
4 ⑤	**5** ⑤	**6** 5
7 ②	**8** 3	**9** 6
10 6	**11** 3	**12** 8
13 ③	**14** ③	**15** 3
16 7	**17** 6	**18** 6
19 ②	**20** 3	**21** 5
22 ③	**23** 4	**24** 7
25 5		

1 1 − 2 − 3 − 4 − 5
⠀⠀⠀⠀⠀⠀⠀⠀⠀⠀⠀⠀⠀⠀$\underset{\ominus}{}$

2 ①, ③ ⇨ ⬭ 모양
②, ⑤ ⇨ ⬛ 모양
④ ⇨ ⚫ 모양

3 1과 1을 모으기하면 2입니다.

4 ⑤ 7 ⇨ 일곱, 칠

5 왼쪽 끝이 맞추어져 있으므로 오른쪽 끝을 비교합니다.

6 8 − 3 = 5

7
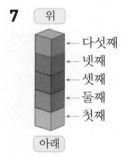

8 2, 5, 8 ⇨ ⬛ 모양
3 ⇨ ⬭ 모양

10
6	1만큼 더 큰 수	7
⇨ ㉠ = 6

11 모든 부분이 둥글고 잘 굴러가는 모양은 ⚫ 모양입니다.
⇨ ⚫ 모양의 물건은 야구공, 구슬, 털실 뭉치로 모두 3개입니다.

12 (주차장에 있는 차의 수)
= 6 + 2 = 8(대)

13 넓은 것부터 순서대로 기호를 쓰면
ⓒ 스케치북, ㉠ 공책, ⓒ 수첩입니다.

14 ① 0　② 0　③ 4　④ 0　⑤ 0
⇨ □ 안에 알맞은 수가 다른 하나는 ③입니다.

15

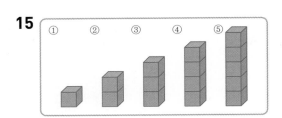

저울이 오른쪽으로 기울어져 있으므로 오른쪽에
있는 모양은 2개보다 더 무거워야 합니다.
⇨ ◯에 들어갈 수 있는 모양은 ③, ④, ⑤로 모
두 3개입니다.

16 5는 1과 4로 가르기를 할 수 있습니다.
4와 3을 모으기하면 7입니다.
⇨ ㉠=7

17

| 4 | → | ① | → | ② |

| ③ | → | ㉠ |

①: 4보다 1만큼 더 큰 수 ⇨ 5
②: 5보다 1만큼 더 큰 수 ⇨ 6
③: 6보다 1만큼 더 작은 수 ⇨ 5
㉠: 5보다 1만큼 더 큰 수 ⇨ 6

18 (앞) ◯ ◯ ● ◯ ◯ ◯ (뒤)

수민

⇨ 수민이네 모둠 학생은 모두 6명입니다.

19 ⬛ 🥫 ⚫ 모양이 반복되는 규칙이므로 ㉠에 알
맞은 모양은 ⬛ 모양입니다.
⇨ ⬛ 모양과 같은 모양의 물건은 ② 주사위입
니다.

20 4+4=8이므로 ●=4
4+■=7 ⇨ 4+3=7이므로 ■=3

21 주어진 모양을 만들려면 ⬛ 모양이 6개 필요합
니다.
⇨ ⬛ 모양이 1개 부족하므로 주희가 가지고
있는 ⬛ 모양은 6보다 1만큼 더 작은 5개
입니다.

22 민규는 서우보다 더 무겁고, 윤하도 서우보다
더 무겁습니다. 또 윤하가 민규보다 더 무거우
므로 민규, 서우, 윤하 셋 중 무거운 순서대로
쓰면 윤하, 민규, 서우입니다.
⇨ 재민이가 윤하보다 더 무거우므로 가장 무
거운 사람은 ③ 재민입니다.

23 차가 3인 뺄셈식은
3-0=3, 4-1=3, 5-2=3, 6-3=3
으로 모두 4개입니다.

24

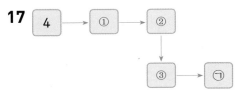

5와 모으기를 하여 9가
되는 수는 4이므로 젤리
는 4개입니다.

6과 모으기를 하여 9가
되는 수는 3이므로 사탕
은 3개입니다.

⇨ 사탕은 3개이고 젤리는 4개이므로 사탕과
젤리의 수를 모으기하면 7개입니다.

25 서윤이 뒤에는 한 명이 서 있으므로 다음과 같습니다.

(앞) | | | | | 서윤 | | (뒤)

주원이와 선아 사이에는 한 명이 서 있으므로 다음과 같이 6가지가 있습니다.

① (앞) | 주원 | | 선아 | | 서윤 | | (뒤)

② (앞) | 선아 | | 주원 | | 서윤 | | (뒤)

③ (앞) | | 주원 | | 선아 | 서윤 | | (뒤)

④ (앞) | | 선아 | | 주원 | 서윤 | | (뒤)

⑤ (앞) | | | | 주원 | 서윤 | 선아 | (뒤)

⑥ (앞) | | | | 선아 | 서윤 | 주원 | (뒤)

환희는 정우보다 앞에 있고, 환희와 정우 사이에는 2명이 서 있으므로 ③, ④의 경우에 조건이 맞습니다.

(앞) | 유정 | 주원 | 환희 | 선아 | 서윤 | 정우 | (뒤)

(앞) | 유정 | 선아 | 환희 | 주원 | 서윤 | 정우 | (뒤)

⇨ 정우 앞에는 모두 5명이 서 있습니다.

최종 모의고사 1회

83~88쪽

1 8	**2** ②	**3** 4
4 ①	**5** ④	**6** 5
7 ③	**8** ②	**9** 4
10 ⑤	**11** ②	**12** 9
13 3	**14** 4	**15** 4
16 7	**17** ②	**18** 7
19 3	**20** 6	**21** 3
22 5	**23** ③	**24** 3
25 5		

3 6은 2와 4로 가르기할 수 있습니다.

7 ⬛ 모양 5개, ⬛ 모양 3개로 만든 모양입니다.
⇨ 사용하지 않은 모양은 ⚫ 모양입니다.

9 ⬛ 모양: 1개, ⬛ 모양: 2개, ⚫ 모양: 4개

10 ⑤ 8보다 1만큼 더 작은 수는 7입니다.

11 ① ⬛ 모양과 ⬛ 모양 ② ⚫ 모양

12 • 병호: 6과 3을 모으기하면 9입니다.
• 진형: 4와 2를 모으기하면 6입니다.
• 미오: 1과 7을 모으기하면 8입니다.
⇨ 두 수를 모으기한 수가 가장 큰 사람은 병호로 9입니다.

14 윤호는 3개보다 많이 먹고 5개보다 적게 먹었습니다.
⇨ 3보다 크고 5보다 작은 수는 4이므로 윤호가 먹은 만두는 4개입니다.

15 ○ ○ ○ ● ○ ○ ○ ○
↑ 키가 가장 큰 학생   ↑ 원호   4명

⇨ 원호보다 키가 작은 학생은 모두 4명입니다.

16 □ 안에 들어갈 수 있는 수는 8보다 작은 수이므로 1, 2, 3, 4, 5, 6, 7입니다.
이 중에서 가장 큰 수는 7입니다.

17 칸 수를 세어 보면 ㉠은 7칸, ㉡은 9칸, ㉢은 8칸입니다.
⇨ 칸 수가 적을수록 좁으므로 좁은 것부터 차례대로 쓰면 ㉠, ㉢, ㉡입니다.

18 2조각과 2조각을 모으면 4조각이고 4조각과 3조각을 모으면 7조각입니다.
⇨ 세 사람이 먹은 피자는 모두 7조각입니다.

19 ⬛ 모양 4개, ⬛ 모양 3개, ⚫ 모양 2개이므로 가장 많이 사용한 모양은 ⬛ 모양입니다.
⇨ ⬛ 모양은 4개이므로 4보다 1만큼 더 작은 수는 3입니다.

20 7을 여러 가지 방법으로 가르기해 봅니다.

➡ 나누어 가질 수 있는 방법은 모두 6가지입니다.

21 2와 9 사이의 수는 3, 4, 5, 6, 7, 8입니다. 이 중에서 5보다 큰 수는 6, 7, 8로 모두 3개 입니다.

22 1+2=3, 1+3=4, 1+4=5,
2+1=3, 2+3=5, 2+4=6,
3+1=4, 3+2=5, 3+4=7,
4+1=5, 4+2=6, 4+3=7
➡ 나올 수 있는 서로 다른 수는 3, 4, 5, 6, 7 이므로 모두 5개입니다.

23 가 그릇이 나 그릇보다 담을 수 있는 물의 양이 더 많고, 다 그릇이 가 그릇보다 담을 수 있는 물의 양이 더 많습니다.
➡ 담을 수 있는 물의 양이 많은 그릇부터 차례 대로 쓰면 다 그릇, 가 그릇, 나 그릇이므로 담을 수 있는 물의 양이 가장 많은 그릇은 다 그릇입니다.

24 거꾸로 생각하면 왼쪽으로 한 칸 갈 때마다 1씩 커지고, 위쪽으로 한 칸 갈 때마다 2씩 작아집 니다.

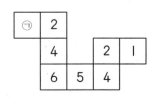

➡ ㉠에 알맞은 수는 2보다 1만큼 더 큰 수인 3입니다.

25

5개			7개
자의 수	풀의 수	가위의 수	색연필의 수
	9개		

• 7과 모아서 9가 되는 수는 2이므로 자는 2개 입니다.
• 5는 2와 3으로 가를 수 있으므로 풀은 3개 입니다.
• 7은 3과 4로 가를 수 있으므로 가위와 색연 필의 수를 모으면 4개입니다.
• 4는 1과 3, 2와 2, 3과 1로 가를 수 있습니다. 색연필의 수는 가위의 수보다 많으므로 가위 는 1개, 색연필은 3개입니다.
➡ 2와 3을 모으면 5이므로 자와 색연필의 수 를 모으면 5개입니다.

최종 모의고사 2회

89 ~ 94쪽		
1 ②	**2** ①	**3** 5
4 ③	**5** ③	**6** 4
7 ①	**8** ④	**9** 7
10 ③	**11** ④	**12** ①
13 2	**14** 4	**15** 2
16 8	**17** 4	**18** ③
19 3	**20** 2	**21** 7
22 5	**23** ②	**24** 6
25 2		

11 0과 6, 1과 5, 2와 4, 3과 3, 4와 2, 5와 1, 6과 0을 모으기하면 6입니다.

13 6보다 1만큼 더 큰 수는 7이므로 7개를 묶습 니다.
➡ 묶지 않은 그림을 세어 보면 하나, 둘이므로 2입니다.

15 왼쪽에서 다섯째에 있는 수는 2이고 오른쪽에 서 넷째에 있는 수는 1입니다.
➡ 2는 1보다 큽니다.

16 큰 수부터 차례대로 쓰면 9, 8, 7, 6, 5입니다.
⇨ ▲에 알맞은 수는 8입니다.

17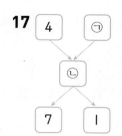

7과 1로 가르기할 수 있는 수는 8이므로 ⓛ은 8입니다. 4와 모으기하여 8이 되는 수는 4이므로 ㉠은 4입니다.

18 남은 물의 양이 적을수록 물을 많이 마신 것입니다.
⇨ 물을 가장 많이 마신 사람의 컵은 ③입니다.

19 (은진이가 접은 종이학의 수)=2+1=3(개)
⇨ (앞으로 더 접어야 하는 종이학의 수)
  =6-3=3(개)

20 5는 1과 4, 2와 3, 3과 2, 4와 1로 가르기할 수 있습니다.

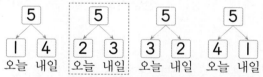

⇨ 3은 2보다 1만큼 더 큰 수이므로 오늘보다 내일 하나 더 많이 먹으려면 오늘 사탕을 2개 먹어야 합니다.

21 1과 5 사이의 수는 2, 3, 4이고 2와 7 사이의 수는 3, 4, 5, 6입니다.
⇨ 재형이와 종욱이가 둘 다 가지고 있는 수 카드에 적혀 있는 수는 3, 4이므로 3+4=7 입니다.

22 주어진 조건을 그림으로 나타내면 다음과 같습니다.

⇨ 의정이와 영호 사이에는 5명이 서 있습니다.

23 ① 🛢 모양: 2개, ⬤ 모양: 2개
② 🛢 모양: 3개, ⬤ 모양: 2개
⇨ 2보다 1만큼 더 큰 수는 3이므로
  🛢 모양은 ⬤ 모양보다 1개 더 많습니다.
③ 🛢 모양: 1개, ⬤ 모양: 4개

24 (귤 4개의 무게)=(감 2개의 무게)이므로
(귤 2개의 무게)=(감 1개의 무게)입니다.
⇨ (감 3개의 무게)=(귤 6개의 무게)
      =(참외 1개의 무게)
이므로 참외 1개의 무게는 귤 6개의 무게와 같습니다.

25 가 나 다 라 마 4 바

가보다 나가 더 크고, 나보다 다가 더 큰 조건을 만족하고 가, 나, 다를 모아서 9가 되는 경우를 구해 보면 (가, 나, 다)=(1, 2, 6), (1, 3, 5), (2, 3, 4)입니다.
① (가, 나, 다)=(1, 2, 6)인 경우를 생각해 보면 나, 다, 라를 모았을 때 9가 되는 라는 1입니다. 다, 라, 마를 모았을 때 9가 되는 마는 2입니다.
이때 라, 마, 4를 모으면 7이므로 조건에 맞지 않습니다.
② (가, 나, 다)=(1, 3, 5)인 경우를 생각해 보면 나, 다, 라를 모았을 때 9가 되는 라는 1입니다. 다, 라, 마를 모았을 때 9가 되는 마는 3입니다.
이때 라, 마, 4를 모으면 8이므로 조건에 맞지 않습니다.
③ (가, 나, 다)=(2, 3, 4)인 경우를 생각해 보면 나, 다, 라를 모았을 때 9가 되는 라는 2입니다. 다, 라, 마를 모았을 때 9가 되는 마는 3입니다.
이때 라, 마, 4를 모으면 9이므로 조건에 맞습니다.
⇨ (가, 나, 다)=(2, 3, 4)인 경우이고 라는 2, 마는 3입니다. 마, 4, 바를 모았을 때 9가 되는 바는 2입니다.

최종 모의고사 3회

95 ~ 100쪽

1 5	**2** ①	**3** ②
4 ⑤	**5** 3	**6** ①
7 2	**8** ④	**9** ③
10 ②	**11** ④	**12** 8
13 ⑤	**14** 2	**15** ①
16 6	**17** ①	**18** ③
19 4	**20** ①	**21** 6
22 5	**23** Ⅰ	**24** 7
25 Ⅰ		

3 ② 동화책은 ▱ 모양입니다.

4 수의 순서를 나타내는 그림입니다.
앞(뒤)에서 첫째, 둘째, 셋째로 세어 보면 셋째에 있는 종이배에만 색칠되어 있습니다.

5 8은 5와 3으로 가르기할 수 있습니다.

6 양쪽 끝이 맞추어져 있으므로 많이 구부러져 있을수록 깁니다.

7 토끼는 5마리, 기린은 2마리, 코끼리는 3마리입니다.
⇨ 5, 2, 3 중 가장 작은 수는 2입니다.

9 색칠된 칸 수를 세어 보면
① 5칸, ② 4칸, ③ 7칸, ④ 6칸, ⑤ 5칸입니다.
⇨ 색칠한 부분이 가장 넓은 것은 ③입니다.

10 ①, ③, ④, ⑤는 ▱ 모양의 일부분이고
②는 ⬮ 모양의 일부분입니다.

11 2와 7을 모으기하면 9입니다.

12 7보다 Ⅰ만큼 더 큰 수는 8입니다.
⇨ 벌집에는 벌이 모두 8마리 있습니다.

13 ① 3+3=6   ② 8−2=6
③ 5−Ⅰ=4   ④ 6+0=6
⑤ 7−2=5

15 ▱ 모양 5개, ⬮ 모양 4개, ● 모양 4개입니다.
⇨ 사용한 모양의 수가 다른 모양은 ▱ 모양입니다.

16
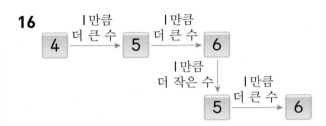
⇨ ㉠에 알맞은 수는 6입니다.

17 ⬮ 모양을 ①은 4개, ②는 5개 사용하였습니다.
⇨ ⬮ 모양을 더 적게 사용한 것은 ①입니다.

18 주혜: 냉장고는 선풍기보다 더 무겁습니다.

19 0보다 크고 9보다 작은 수는 Ⅰ, 2, 3, 4, 5, 6, 7, 8이고 이 중에서 똑같은 두 수로 가르기할 수 있는 수는 2, 4, 6, 8입니다.
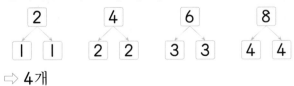
⇨ 4개

20 나 그릇에 물을 가득 채워서 가 그릇과 다 그릇에 부었을 때를 그림으로 나타내면 다음과 같습니다.

⇨ 담을 수 있는 양이 가장 많은 그릇은
① 가 그릇입니다.

21 8 3 5 1 ㉠ ㉡

수 카드에 쓰여 있는 수 중에서 8과 1을 모으기 하면 9이므로 3, 5와 모으기하여 9가 되는 수를 찾아야 합니다.

➡ ㉠과 ㉡에 알맞은 수는 4와 6이고, 그중에서 더 큰 수는 6입니다.

22 주어진 조건을 그림으로 나타내면 다음과 같습니다.

(앞) ○ ○ ○ ○ ○ ○ ● ○ (뒤)
　　　　　　　　　　　　정우

➡ 정우네 모둠 어린이는 모두 8명입니다.

(앞) ○ ○ ● ○ ○ ○ ○ ○ (뒤)
　　　　주현　└─── 5명 ───┘

➡ 주현이 뒤에 앉아 있는 어린이는 5명입니다.

23 주어진 모양을 만들려면 🔲 모양 2개, 🗄 모양 3개, ⚫ 모양 3개가 필요합니다. 같은 모양을 2개 만들려면 🔲 모양 4개, 🗄 모양 6개, ⚫ 모양 6개가 필요합니다.

➡ 아름이가 주어진 모양을 2개 만들려고 했을 때 🔲 모양 1개, ⚫ 모양 2개가 부족했으므로 아름이가 가지고 있는 🔲 모양은 3개, ⚫ 모양은 4개입니다.

따라서 4는 3보다 1만큼 더 큰 수이므로 아름이가 가지고 있는 ⚫ 모양은 🔲 모양보다 1개 더 많습니다.

24 (㉮ 상자에 들어 있던 공의 수)=2+2=4(개)
(㉯ 상자에 들어 있던 공의 수)=4+4=8(개)
(㉯ 상자에서 꺼내어 ㉮ 상자에 넣은 공의 수)
　=8−5=3(개)

➡ (지금 ㉮ 상자에 들어 있는 공의 수)
　=4+3=7(개)

25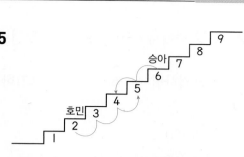

가위바위보에서 호민이가 승아를 이겼으므로 호민이는 3칸을 올라가 다섯째 계단으로, 승아는 2칸을 내려가 넷째 계단으로 갑니다.

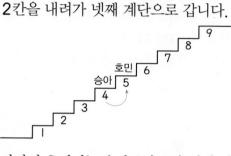

따라서 호민이는 승아보다 1칸 위에 있게 됩니다.

최종 모의고사 4회

101~106쪽

1 6	**2** ⑤	**3** 2
4 ②	**5** ④	**6** ⑤
7 4	**8** 9	**9** 5
10 6	**11** ②	**12** 6
13 8	**14** ②	**15** ②
16 9	**17** ②	**18** ①
19 ③	**20** ④	**21** 2
22 8	**23** 9	**24** 5
25 8		

2 ①, ② 8은 팔 또는 여덟이라고 읽습니다.
③ 7보다 1만큼 더 큰 수는 8입니다.
④ 9보다 1만큼 더 작은 수는 8입니다.
⑤ 아홉은 9입니다.

8 동전 3개와 동전 6개를 모으면 동전 9개가 됩니다.

11 ① 🔲 모양: 2개, 🗄 모양: 3개, ⚫ 모양: 1개
② 🔲 모양: 3개, 🗄 모양: 2개, ⚫ 모양: 0개
③ 🔲 모양: 1개, 🗄 모양: 3개, ⚫ 모양: 2개

13 5, 1, 6, 8, 2 중에서 6보다 작은 수는 5, 1, 2 입니다.
5와 1을 모으기하면 6, 6과 2를 모으기하면 8입니다.

15 • 민정이는 유리보다 키가 더 작으므로 유리는 민정이보다 키가 더 큽니다.
• 정은이는 유리보다 키가 더 작으므로 유리는 정은이보다 키가 더 큽니다.
따라서 키가 가장 큰 사람은 유리입니다.

16

일곱째 ◄───

(앞) ○ ○ ● ○ ○ ○ ○ ○ ○ (뒤)

───► 셋째

➡ 정류장에 줄을 서 있는 사람은 모두 9명입니다.

17 ① 길의 칸 수를 세어 보면 6칸이고 ② 길의 칸 수를 세어 보면 5칸입니다.
따라서 더 가까운 길은 칸 수가 더 적은 ②입니다.

18 시소에 앉은 그림을 보면 성민이는 수지보다 더 무겁습니다. 또 주리는 수지보다 더 무겁습니다.
➡ 성민, 주리, 수지 중에서 수지가 가장 가볍습니다.
문제에서 성민이는 주리보다 더 무겁다고 했으므로 성민, 주리, 수지 중에서 성민이가 가장 무겁습니다.
또 석호는 수지보다 더 가볍다고 했으므로 네 사람 중에서 가장 가벼운 사람은 석호입니다.
➡ 무거운 사람부터 차례대로 쓰면 성민, 주리, 수지, 석호이므로 세 번째로 무거운 사람은 수지입니다.

19 영준이는 🥫 모양인 저금통을 가졌고, 성은이는 🎲 모양인 주사위를 가졌으므로 호영이는 ⚪ 모양인 야구공을 가졌습니다.

20 유리잔에 담긴 물의 양이 적을수록 높은 소리를 냅니다.
따라서 유리잔에 담긴 물의 양이 적은 것부터 차례대로 쓰면 ⑤, ④, ③, ②, ①이므로 두 번째로 높은 소리를 내는 유리잔은 ④입니다.

22 어떤 수를 ☐라 하면 ☐-2=4입니다.
6-2=4이므로 ☐=6이고, 바르게 계산하면 6+2=8입니다.

23 • 3과 3을 모으기하면 6이므로 ㉠은 6입니다.
• 8을 똑같은 두 수로 가르기한 것은 4와 4이므로 ㉡은 4입니다.
• 2와 모으기하여 5가 되는 수는 3이므로 ㉢은 3입니다.
➡ 가장 큰 수는 ㉠ 6이고, 가장 작은 수는 ㉢ 3이므로 6과 3을 모으기하면 9입니다.

24 차가 2인 뺄셈식은 8-6=2, 7-5=2, 6-4=2, 5-3=2, 4-2=2로 모두 5개입니다.

25 ㉠과 ㉠을 모으면 ㉡이 되므로 ㉠은 2 또는 3입니다.
① ㉠=2일 때

2	2
4	

2와 2를 모으기하면 4이므로 ㉡=4입니다.

2	4
6	

2와 4를 모으기하면 6이므로 ㉣=6입니다.

6
3	3

6은 3과 3으로 가르기할 수 있으므로 ㉢=3입니다.

② ㉠=3일 때

3	3
6	

3과 3을 모으기하면 6이므로 ㉡=6입니다.

3	6
9	

3과 6을 모으기하면 9이므로 조건에 맞지 않습니다.

➡ ㉠=2, ㉡=4, ㉢=3, ㉣=6이므로 ㉠+㉣=2+6=8입니다.

최종 모의고사 5회

107~112쪽

1 ③	**2** ①	**3** 1
4 5	**5** ④	**6** ③
7 ⑤	**8** 9	**9** 4
10 ④	**11** 4	**12** 4
13 ④	**14** ③	**15** ④
16 7	**17** ⑤	**18** ③
19 2	**20** 3	**21** 7
22 5	**23** 6	**24** 8
25 5		

3 민수의 나이가 9살이므로 초를 9개 묶고 남는 초를 세어 보면 하나이므로 1개입니다.

4 9 − 8 − 7 − 6 − $\underset{㉠}{5}$

⇨ ㉠에 알맞은 수는 5입니다.

5 아래쪽 끝이 맞추어져 있으므로 위쪽 끝이 가장 많이 나온 ④가 가장 깁니다.

6 ① 8 ② 8 ③ 7 ④ 8 ⑤ 8
⇨ ■의 수가 다른 하나는 ③입니다.

7 선을 따라 모두 잘랐을 때 좁은 것부터 순서대로 쓰면 ⑤, ④, ③, ②, ①입니다.
⇨ 선을 따라 모두 잘랐을 때 가장 좁은 것은 ⑤입니다.

8 9>6>4>2>0이므로 선호가 뽑은 수는 9이고 희수가 뽑은 수는 0입니다.
⇨ 9와 0을 모으기하면 9입니다.

9 사용한 🛢 모양은 모두 4개입니다.

10 ① 2와 5를 모으기하면 7입니다.
② 3과 4를 모으기하면 7입니다.
③ 6과 1을 모으기하면 7입니다.
④ 5와 3을 모으기하면 8입니다.
⑤ 4와 3을 모으기하면 7입니다.
⇨ 두 수를 모으기했을 때 7이 아닌 것은 ④입니다.

11 (앞) ○ ○ ○ ○ ● ○ ○ ○ (뒤)
　　　　└─4명─┘ 지수
⇨ 지수의 앞에는 위와 같이 4명이 달리고 있습니다.

12 ・9는 4와 5로 가르기할 수 있으므로 빈칸에 알맞은 수는 4입니다.
・2와 모으기를 하여 6이 되는 수는 4이므로 빈칸에 알맞은 수는 4입니다.
⇨ 빈칸에 공통으로 들어갈 수는 4입니다.

13 통나무에 철사를 많이 감을수록 철사의 길이가 긴 것입니다.
가는 1바퀴, 나는 3바퀴, 다는 2바퀴, 라는 4바퀴를 감았으므로 가장 긴 철사는 라입니다.

14

🔲🔲⚪ 모양이 반복되는 규칙이므로 ㉠에 알맞은 모양은 🛢 모양입니다.

⇨ 🛢 모양과 같은 모양의 물건을 찾으면 ③ 케이크입니다.

15 가 2개가 가 1개와 나 1개보다 더 무거우므로 가가 나보다 더 무겁고, 나 2개가 나 1개와 다 1개보다 더 무거우므로 나가 다보다 더 무겁습니다.
⇨ 무거운 것부터 차례대로 기호를 쓰면 가, 나, 다이므로 ④입니다.

16 9보다 1만큼 더 작은 수는 8입니다.

⇨ ㉠보다 1만큼 더 큰 수가 8이므로 ㉠에 알맞은 수는 7입니다.

17 사용한 모양은 🟫 모양 3개, 🛢 모양 1개, 🔵 모양 5개입니다.

⇨ 많이 사용한 모양부터 차례대로 늘어놓으면 🔵, 🟫, 🛢입니다.

18 담긴 물의 양이 적을수록 높은 소리가 나므로 가장 높은 소리가 나는 병은 담긴 물의 양이 가장 적은 ③입니다.

19 형과 동생이 가지고 있는 팽이는 모두 2+6=8(개)입니다.

8을 똑같은 두 수로 가르기를 하면 4와 4입니다.

형은 팽이를 2개 가지고 있으므로 4개를 가지려면 4-2=2(개)가 더 있어야 합니다.

⇨ 동생이 팽이 2개를 형에게 주면 형과 동생의 팽이 수가 같아집니다.

20 주어진 모양을 만들기 위해 필요한 🟫 모양은 6개입니다.

⇨ 민지가 주어진 모양을 만들기 위해 🟫 모양은 6-3=3(개) 더 필요합니다.

21

8층	채선	← 은아는 채선이보다 3층 더 낮은 곳
7층	지수	← 채선이는 지수보다 한 층 더 높은 곳
6층		
5층	은아	

⇨ 지수가 살고 있는 층은 7층입니다.

22 만든 모양은 🟫 모양 2개, 🛢 모양 5개, 🔵 모양 3개로 이루어져 있습니다. 남은 모양은 🟫 모양 4개, 🛢 모양 4개, 🔵 모양 1개이므로 만들기 전에 있던 🟫 모양은 2+4=6(개), 🛢 모양은 5+4=9(개), 🔵 모양은 3+1=4(개)입니다.

⇨ 가장 많은 모양은 가장 적은 모양보다 9-4=5(개) 더 많습니다.

23 ・5보다 1만큼 더 큰 수는 6입니다.

→ ●=6

・▲보다 3만큼 더 작은 수는 0입니다. 0보다 1만큼 더 큰 수는 1, 1보다 1만큼 더 큰 수는 2, 2보다 1만큼 더 큰 수는 3입니다.

→ ▲=3

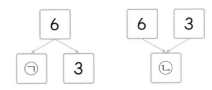

→ 6은 3과 3으로 가르기할 수 있으므로 ㉠에 알맞은 수는 3이고, 6과 3을 모으기하면 9이므로 ㉡에 알맞은 수는 9입니다.

⇨ ㉡>㉠이므로 ㉡-㉠=9-3=6입니다.

24 오른쪽으로 가면서 4만큼 더 큰 수와 3만큼 더 작은 수가 번갈아 가며 나온 규칙입니다.

3만큼 더 작은 수 · 3만큼 더 작은 수 · 3만큼 더 작은 수 · 3만큼 더 작은 수

0　4　1　5　2　6　3　7　4　□

4만큼 더 큰 수 · 4만큼 더 큰 수 · 4만큼 더 큰 수 · 4만큼 더 큰 수 · 4만큼 더 큰 수

⇨ □ 안에 알맞은 수는 4보다 4만큼 더 큰 수인 8입니다.

25 ・1보다 4만큼 더 작은 수는 없으므로 1 뒤에 놓이는 수는 1보다 3만큼 더 큰 수인 4로 1-4입니다.

・4보다 3만큼 더 큰 수인 7은 놓을 수 없으므로 4 뒤에 놓이는 수는 4보다 4만큼 더 작은 수인 0으로 1-4-0입니다.

・0보다 4만큼 더 작은 수는 없으므로 0 뒤에 놓이는 수는 0보다 3만큼 더 큰 수인 3으로 1-4-0-3입니다.

・3보다 4만큼 더 작은 수는 없으므로 3 뒤에 놓이는 수는 3보다 3만큼 더 큰 수인 6으로 1-4-0-3-6입니다.

・6보다 3만큼 더 큰 수인 9는 놓을 수 없으므로 6 뒤에 놓이는 수는 6보다 4만큼 더 작은 수인 2로 1-4-0-3-6-2입니다.

・2보다 4만큼 더 작은 수는 없으므로 2 뒤에 놓이는 수는 2보다 3만큼 더 큰 수인 5로 1-4-0-3-6-2-5입니다.

⇨ ㉠에 알맞은 수는 5입니다.

빈틈없는
수준별 학습으로
빠져나갈 구멍 없이
완전봉쇄!

사고력

서술형

이제 긴 문제도
어렵지 않아요!

독해력

기본기와 서술형을 한 번에, 확실하게
수학 자신감은 덤으로!

수학리더 시리즈 (초1~6 / 학기용)

[연산]
(*예비초~초6/총14단계)

[개념]

[기본]

[유형]

[기본＋응용]

[응용·심화]

[최상위]
(*초3~6)

정답은
이안에
있어!

배움으로 행복한 내일을 꿈꾸는
천재교육 커뮤니티 안내 . . .

 교재 안내부터 구매까지 한 번에!
천재교육 홈페이지

자사가 발행하는 참고서, 교과서에 대한 소개는 물론
도서 구매도 할 수 있습니다. 회원에게 지급되는 별을 모아
다양한 상품 응모에도 도전해 보세요!

 다양한 교육 꿀팁에 깜짝 이벤트는 덤!
천재교육 인스타그램

천재교육의 새롭고 중요한 소식을 가장 먼저 접하고 싶다면?
천재교육 인스타그램 팔로우가 필수!
깜짝 이벤트도 수시로 진행되니 놓치지 마세요!

 수업이 편리해지는
천재교육 ACA 사이트

오직 선생님만을 위한, 천재교육 모든 교재에 대한 정보가 담긴
아카 사이트에서는 다양한 수업자료 및 부가 자료는 물론
시험 출제에 필요한 문제도 다운로드하실 수 있습니다.

https://aca.chunjae.co.kr

 천재교육을 사랑하는 샘들의 모임
천사샘

학원 강사, 공부방 선생님이시라면 누구나 가입할 수 있는 천사샘!
교재 개발 및 평가를 통해 교재 검토진으로 참여할 수 있는 기회는 물론
다양한 교사용 교재 증정 이벤트가 선생님을 기다립니다.

 아이와 함께 성장하는 학부모들의 모임공간
튠맘 학습연구소

튠맘 학습연구소는 초·중등 학부모를 대상으로 다양한 이벤트와 함께
교재 리뷰 및 학습 정보를 제공하는 네이버 카페입니다.
초등학생, 중학생 자녀를 둔 학부모님이라면 튠맘 학습연구소로 오세요!

수학리더 최상위

상위권 잡는 필독서

수학리더 최상위

리더가 되기 위한
공부 비법

BOOK 1
최상위 심화서
하이레벨 입문, 탐구, 심화 문제
+ 브레인 스토밍 문제

BOOK 2
해법전략
자세한 정답과 해설

초등 수학,
상위권은 더 이상 성적이 아닙니다.
자신감 입니다.

초3~6(학기별)

book.chunjae.co.kr

교재 내용 문의 ···················· 교재 홈페이지 ▶ 초등 ▶ 교재상담
교재 내용 외 문의 ················ 교재 홈페이지 ▶ 고객센터 ▶ 1:1문의
발간 후 발견되는 오류 ·········· 교재 홈페이지 ▶ 초등 ▶ 학습지원 ▶ 학습자료실

63410

ISBN 979-11-259-7587-8

정가 11,000원

KC
어린이제품
안전 특별법에
의한 품질 표시

My name~

	초등학교
학년 반 번	
이름	